Basic Experiment of Biology
生物基础实验

赵丹丹 于冰 孙晓丹 编著

清华大学出版社

北 京

内 容 简 介

本书是黑龙江大学"十二五"规划教材,所有实验内容都是在多年的教学、科研实践中不断总结、归纳编写而成的。全书共分 7 章,除了介绍生物基础实验的常用仪器和实验须知外,还包含普通生物学、生物化学、微生物学、分子生物学、遗传学和细胞生物学六大生命科学专业基础课的实验课程内容,共选编了 63 个实验。基本上每个实验项目都系统地编写了目的要求、实验原理、实验器材、实验试剂、实验操作、思考题,注重培养学生的基本技能和创新能力。

本书是高校生命科学教学改革急需的实验教材,也可作为生命科学研究的参考图书,还可为大中专院校生命科学相关专业和非生物学相关专业的师生及相关科研、企事业单位的人员提供参考。

图书在版编目(CIP)数据

生物基础实验/赵丹丹,于冰,孙晓丹编著.--北京:清华大学出版社,2013(2021.8重印)
ISBN 978-7-302-33238-1

Ⅰ.①生… Ⅱ.①赵… ②于… ③孙… Ⅲ.①生物学-实验-高等学校-教材
Ⅳ.①Q-33

中国版本图书馆 CIP 数据核字(2013)第 165690 号

责任编辑:柳　萍　赵从棉
封面设计:何凤霞
责任校对:刘玉霞
责任印制:刘海龙

出版发行:清华大学出版社
　　　　网　　　址:http://www.tup.com.cn, http://www.wqbook.com
　　　　地　　　址:北京清华大学学研大厦 A 座　　邮　　编:100084
　　　　社 总 机:010-62770175　　　　　　　　邮　　购:010-62786544
　　　　投稿与读者服务:010-62776969, c-service@tup.tsinghua.edu.cn
　　　　质量反馈:010-62772015, zhiliang@tup.tsinghua.edu.cn
印 装 者:三河市科茂嘉荣印务有限公司
经　　销:全国新华书店
开　　本:170mm×230mm　　印　张:13.5　　　　字　　数:245 千字
版　　次:2013 年 10 月第 1 版　　　　　　　　印　　次:2021 年 8 月第 6 次印刷
定　　价:45.00 元

产品编号:055787-03

前　言

　　生物学是飞速发展的实验性学科,但是国内公开发行的以多门生物学实验课程综合在一起的书籍很少。本书可算作我国高校生命科学实验教学和教学改革急需的教材,也可作为生命科学科技工作者的参考工具书,一方面满足黑龙江大学本校的生物基础实验的需要,同时也适合其他兄弟院校相关专业的师生及相关科研、企事业单位的人员使用。

　　首先,本书编写贯穿和强调"基础"二字,力图在突出基础知识与基本技能的同时,反映生物基础实验技术的科学性与先进性。其次,本书详尽收录六大生命科学的专业基础课程经典的实验内容,包含普通生物学、生物化学、微生物学、分子生物学、遗传学和细胞生物学实验课程,每个实验项目按目的要求、实验原理、实验器材、实验试剂、实验操作、思考题等进行了系统编排。在培养学生基本实验素养的同时,重点培养学生的综合应用能力、分析与设计能力、逻辑思维能力。最后,本书融合现代先进的实验技术和科研成果,如毛细管电泳技术,将实验内容与科研、生产和实际应用密切联系,体现基础与前沿、经典与现代的有机结合。

　　感谢黑龙江大学"十二五"规划教材实验教学示范中心专项的经费资助。衷心感谢李海英教授及黑龙江大学生物基础实验中心全体教师在本书的编写和出版工作中付出的心血和精力。本书经过集体讨论、分工负责编写,赵丹丹编写第一章和第三章,孙晓丹编写第二章和第七章,宋刚编写第四章,于冰编写第五章,孙庆申编写第六章。全书由赵丹丹统稿,吴国峰主审。

　　书中错误和不足之处在所难免,敬请使用本书的读者批评和指正。

编　者

2013.6

目 录

第一章

生物实验基础知识

第一节 常用仪器

近年来,科学研究中新技术和新仪器不断涌现,迅速渗透到生命、医药和食品等多个领域,极大地推动了多个学科的迅速发展。良好可信的仪器设备是实验室工作顺利进行的重要保证,本节主要介绍生物基础实验中常用的仪器设备。

一、高压灭菌锅

高压灭菌锅(high pressure sterilizer)是在实验室中进行高压高温灭菌的主要仪器,包括立式、卧式及自动、手动等不同的类型。高压高温灭菌也称湿热灭菌,是一种最常用的灭菌方法,许多溶液、玻璃器皿和微量移液器枪头都要进行高压灭菌。除此以外,干热灭菌、抗生素灭菌、紫外线照射、滤膜除菌、75％乙醇(或 1％新洁尔灭)溶液浸泡等也是实验室常用的消毒灭菌方法,实验者应该根据具体情况进行选择。

二、超净工作台

超净工作台(clean bench)也称净化工作台,是无菌实验操作中最重要的设备。其基本工作原理是内设鼓风机驱动空气,通过高效的过滤装置净化,使净化后的空气通过工作台面形成无菌环境,从而防止配置的溶液和培养基或微生物和组织培养物产生空气污染。但是需要注意的是,它不能保护操作者不被感染,所以不能用来进行病原微生物实验。

三、移液管和移液器

移液管(pipe)和移液器(pipetter)是实验室中移动液体的常用工具。通常10mL 以下液体的移动以各种规格的移液管来完成,而当移动液体少到以 μL 计算时,更多以移液器来完成。

移液器的品牌规格有很多,可调范围主要包括 0.1～2.5μL、0.5～10μL、10～

$100\mu L$、$20\sim200\mu L$、$100\sim1000\mu L$、$1000\sim5000\mu L$。它们的基本结构和工作原理是一样的,通过按动芯轴排出空气,将前端安装的吸头置入液体试剂中,放松对芯轴的按压,靠内装弹簧机械力使芯轴复原,形成负压,吸出液体。

四、离心机

离心机(centrifuge)是一种利用让样品绕离心轴的中心旋转来分离样品中各组分的仪器。不同大小、形状和密度的颗粒会以不同的速度沉降。颗粒的沉降速度取决于离心机的转速及颗粒与中心轴的距离,使用前必须选择与离心机配用的合适大小(从 1.5mL 到 1000mL)的离心管,配平后方可使用,每次离心后都至少可以获得上清液和沉淀两个组分。

几乎每个涉及提取分离的生物学实验都要用到离心机,常见的离心机主要包括以下 5 种类型。

1. 低速离心机:常规使用的台式离心机,最大转速为 3000~6000r/min,RCF(相对离心力或"g 值")可达到 6000g,常用于收集细胞、较大的细胞器及粗颗粒沉淀。

2. 高速离心机:立式离心机,最大转速为 25 000r/min,RCF 可达到 60 000g,用于收集许多细胞器和核酸、蛋白质沉淀。

3. 超速离心机:具有精密制冷和真空系统的立式离心机,最大转速为 30 000r/min,RCF 可达到 600 000g,用于收集小的细胞器和生物大分子,使用时要有专门的管理人员操作。

4. 微量离心机:是一种台式离心机,能够迅速加速到 12 000r/min,RCF 达 10 000g,常用于短时间内收集大颗粒沉淀和小体积溶液的沉降。

5. 连续流式离心机:用于从细胞的生长培养基中收集大量的细胞。

五、pH 计

pH 计(pH meter)是实验室中精细、准确地测定和调整溶液 pH 的常用仪器。最常用的 pH 指示电极是玻璃电极,它是一支端部吹成泡状的对于 pH 敏感的玻璃,一定要注意正确地使用和维护。另外,若想粗略地测定和调整溶液 pH,使用广泛或精密 pH 试纸也是一种简单有效的方式。

六、分光光度计

分光光度计(spectrometer)是利用分光光度法对物质进行定量定性分析的仪器。分光光度法是通过测定待测样品在特定波长处或一定波长范围内光的吸收度,对该 pH 进行定性和定量分析。常用的波长范围为:①200~400nm 的紫外光区；②400～760nm 的可见光区；③2.5～25μm 的红外光区。所用仪器为紫外分光光度计、可见光分光光度计、红外分光光度计或原子吸收分光光度计。为保证测量的精密度和准确度,所有仪器应按照国家计量检定规程或仪器说明书规定,定期进行校正检定。

七、层析

层析(chromatography)是根据混合样品中各组分物理化学性质的差异分离样品的一种方法。层析系统的类型主要包括薄层层析和纸层析、柱层析、液相色谱、气相色谱,所有的层析系统的基本原理是一致的,都由互不相溶的两相组成,即固定相和流动相。利用分子大小、形状、所带电荷、挥发性、溶解性、吸附性、亲和力等的不同,使各组分以不同程度分布在两相中,它们以不同的速度移动,最终彼此分开。

八、电泳

电泳(electrophoresis)是根据带电分子在电场中的定向移动分离样品的一种方法。凡是带电荷的生物大分子,包括多糖、蛋白质和核酸等,都可以进行电泳,它们向着相反电极泳动。实验室中,电泳方法多种多样,最常用的是琼脂糖凝胶电泳和聚丙烯酰胺凝胶电泳,这就要求至少有一套可满足核酸分离的水平电泳槽和电泳仪,还应至少有一套用于蛋白质分离的垂直电泳槽和电泳仪。另外,进行大规模测序需要配备一套测序凝胶装置,分离复杂蛋白质则可选配一套用于双向蛋白质凝胶的特制电泳装置。

九、凝胶成像系统

凝胶成像系统(gel imaging system)是一种核酸和蛋白质染色凝胶的成像检测分析仪器,不但可作透射、反射,而且可以作荧光和放射自显影测量,广泛应用于相对分子质量计算、密度扫描、密度定量、PCR 定量等实验研究。

十、其他仪器设备

1. 称量装置：天平是实验中称量的重要仪器,其中电子天平(100～0.1mg)具有称量精确、操作简单等优点被大多数实验室所采用。

2. 冷冻设备：考虑到许多动物、植物、微生物的样本和试剂需要在低温或者超低温下储存,所有的生物学实验室至少需要一台普通冰箱(4℃、－20℃),如有条件,还需要一台－80℃冰箱。另外,许多反应是在冰上进行的,因此制冰机也是很必要的。

3. 纯水设备：双蒸馏器、Milli-Q 超纯水器。

4. 水浴装置：恒温水浴锅。

5. 培养设备：温控摇床、恒温培养箱、组织光照培养箱。

6. 玻璃器皿及塑料制品：试管、烧杯、锥形瓶、量筒、容量瓶、试剂瓶、搅拌棒、研磨器、离心管（100mL、50mL、10mL、1.5mL、0.5mL）、PCR 管、移液器枪头等。

需要注意的是，在实验室中安全是最重要的，实验室内所有仪器都有潜在的危险，如操作方法不正确有可能发生意外。所以，实验室中的所有仪器的使用都应在教师的指导下进行，或者仔细阅读仪器的使用说明书后，方可使用。

第二节 实 验 须 知

一、生物基础实验的培养目标

1. 使学生熟练地掌握生物基础实验的基本操作流程。

2. 使学生熟悉生物实验的主要内容，将理论与实验密切结合。

3. 培养学生科学思维和观察分析问题的能力，训练学生严谨求实的科学态度。

二、实验前认真全面预习

1. 明确实验目的与要求。

2. 复习有关理论，掌握实验原理。

3. 熟悉实验的主要操作步骤，自己总结实验的注意事项。

4. 初步推断可能出现的实验结果。

三、实验时的要求

1. 必须严肃认真地进行操作，仔细观察实验现象和结果并及时记录。

2. 如果实验结果与理论结果不相符，必须进行科学分析，找出原因并重做，直到结果正确为止。

3. 实验时要把所有化学药品都当成具有潜在危险的物质看待，时刻穿好实验服，扣上纽扣。使用有毒、刺激性或腐蚀性药品时，戴上手套，在通风橱内操作。

4. 试剂用后放回原处，瓶盖切勿盖错。不应用潮湿吸管或滴管与标准试剂直接接触，取出后不得再放回原瓶。

5. 使用玻璃仪器时,要做到稳拿轻放,尽量避免损坏。使用精密贵重仪器时更应仔细小心,如不熟悉或第一次使用,应先请老师指导。任何仪器如有所损坏应立即报告老师,说明损坏原因,以便吸取教训。

6. 实验室应保持肃静,注意清洁卫生。公共仪器及试剂未经老师允许不得随意搬动。

四、实验后的注意事项

1. 实验用过的弃物应倒入指定的地方,尤其注意固体弃物不得倒入水槽,以防堵塞下水管道;液体弃物也不得倒入水槽,以防污染环境。

2. 实验完成后立即清洗所用的仪器,妥善存放到原来位置,以备下次使用。临时借用的仪器洗净后,放在实验台上,待老师检查后归还原处。

3. 如有仪器损坏应报告老师,填写仪器损坏单。

4. 一定要将实验室整理清洁,关好水、电、窗、门后方可离开实验室。

五、实验报告

每次实验完了,须及时整理实验记录,并作出分析和总结,依照规定的格式和内容写出实验报告,交指导老师评阅。

六、实验室意外事故处理

实验室如遇着火、烫伤,割伤等意外事件发生,必须镇静地紧急处理,并立即报告老师。

1. 着火:如酒精灯推倒或其他原因着火,首先将一切易燃品移至远处,然后用水扑灭。如遇乙醚、油类等比水轻而易燃的物质着火,切勿用水灭火,可用沙或灭火器扑灭。

2. 火伤:皮肤被火灼伤,用烫伤膏涂抹。如伤势较重,立即送医院治疗。

3. 药品伤:皮肤被药品侵蚀,根据药品的性质加以适当处理后,用丹宁油膏或凡士林涂抹,如系酸或碱侵蚀,则先用大量水洗后,然后分别用 5% 的小苏打液或 1% 醋酸液处理。如眼睛被药品侵入,用水洗后,继以 5% 的小苏打液或 1% 的硼酸液洗涤,视侵入药品的性质而定。必要时,去医院处理。

4. 割伤出血:凡遇玻璃割伤出血,如有玻璃留在伤口,应先取出,然后用碘酒消毒后包扎。

5. 毒物入口:如遇毒物入口,除酸碱外,应先使之呕吐,用温盐水或肥皂水作催吐剂。如为腐蚀性物质,饮鸡蛋清作润滑剂。

第二章

普通生物学实验

实验一　显微镜的使用与维护

一、目的要求

1. 学习并掌握生物显微镜的原理和使用方法。
2. 复习普通台式显微镜的结构、各部分的功能和使用方法。
3. 掌握光学显微镜下的植物、动物细胞的形态和基本结构。

二、实验原理

1. 成像原理

普通光学显微镜利用两个凸透镜恰当的调节组合,对标本进行放大观察。经物镜形成倒立实像,经目镜进一步放大成像。

2. 显微镜的重要光学技术参数

在镜检时,要获得清晰而明亮的理想图像,就需要显微镜的各项光学技术参数达到一定的标准,必须根据镜检的目的和仪器的实际情况协调各参数的关系,才能充分发挥显微镜的性能,得到良好的镜检效果。

显微镜的光学技术参数包括数值孔径、分辨率、放大率、焦深、视场宽度、覆盖差、工作距离等。这些参数并不都是越高越好,它们之间是相互联系又相互制约的,在使用时应根据镜检的目的和实际情况来协调参数间的关系,但应以保证分辨率为准。一定要认知数值孔径和分辨率的重要性。

(1) 数值孔径

数值孔径简写为 NA,它是物镜和聚光镜的主要技术参数,是判断两者(尤其对物镜而言)性能高低的重要标志。其数值分别标刻在物镜和聚光镜的外壳上。

数值孔径(NA)是物镜前透镜与被检物体之间介质的折射率(n)和孔径角(u)半数的正弦之乘积,用公式表示如下:$NA = n\sin u/2$。孔径角又称"镜口角"，是物镜光轴上的物体点与物镜前透镜的有效直径所形成的角度。孔径角越大，进入物镜的光通量就越大，它与物镜的有效直径成正比，与焦点的距离成反比。利用显微镜观察时，若想增大 NA，孔径角是无法增大的，唯一的办法是增大介质的折射率 n。基于这一原理，就产生了水浸物镜和油浸物镜，因介质的折射率 n 值大于1，NA 值就能大于1。

（2）分辨率

显微镜的分辨率是指能被显微镜清晰区分的两个物点的最小间距，又称"鉴别率"。其计算公式是 $\sigma = \lambda / NA$，式中 σ 为最小分辨距离；λ 为光线的波长；NA 为物镜的数值孔径。可见，物镜的分辨率由物镜的 NA 值与照明光源的波长两个因素决定。NA 值越大，照明光线波长越短，则 σ 值越小，分辨率就越高。

三、实验器材

1. 材料：洋葱根尖切片标本、镜头纸、头发丝。
2. 仪器：显微镜、载玻片、盖玻片、镊子、解剖针、刀片、滴管、吸水纸、牙签、擦镜纸、绘图用具。

四、实验试剂

香柏油、二甲苯。

五、实验操作

1. 观察前的准备

（1）取镜和放置：显微镜平时存放在显微镜柜中，用时从柜中取出，右手紧握镜臂，左手托住镜座，将显微镜放在自己左肩前方的实验台上，镜座后端距桌边 1～2 寸为宜。

（2）目镜及物镜使用：目镜装在镜筒的上端，通常备有 2～3 个，上面注有 5×、10× 的符号以表示其放大倍数。物镜装在镜筒下端的旋转器上，一般有 3～4 个物镜，其中最短的刻有"10×"符号的为低倍镜，较长的刻有"40×"符号的为高倍镜，最长的刻有"100×"符号的为油镜，此外，在高倍镜和油镜上还常加有一圈不同颜色的线，以示区别。在物镜上，还有镜口率（N.A.）的标志，它反映了该镜头分辨率的大小，其数字越大，表示分辨率越高。各物镜的镜口率见表 2-1。

表 2-1　各物镜的镜口率

物镜	镜口率(N.A.)	工作距离/mm	物镜	镜口率(N.A.)	工作距离/mm
10×	0.25	5.40	100×	1.30	0.11
40×	0.65	0.39			

（3）对光：用拇指和中指移动旋转器（切忌手持物镜移动），使低倍镜对准镜台的通光孔（当转动听到碰叩声时，说明物镜光轴已对准镜筒中心）。打开光圈，上升集光器，并将反光镜转向光源，以左眼在目镜上观察（右眼睁开），同时调节反光镜方向，直到视野内的光线均匀明亮为止。

（4）放置载玻片标本：取一载玻片标本放在镜台上，一定使有盖载玻片的一面朝上，切不可放反，用推片器弹簧夹将其夹住，然后旋转推片器螺旋，将所要观察的部位调到通光孔的正中。

（5）调节焦距：以左手按逆时针方向转动粗调器，使镜台缓慢地上升至物镜距标本片约 5mm 处，应注意在上升镜台时，切勿在目镜上观察。一定要从右侧看着镜台上升，以免上升过多，造成镜头或标本片的损坏。然后，两眼同时睁开，用左眼在目镜上观察，左手顺时针方向缓慢转动粗调节器，使镜台缓慢下降，直到视野中出现清晰的物像为止。如果物像不在视野中心，可调节推片器将其调到中心（注意：移动载玻片的方向与视野物像移动的方向是相反的）。如果视野内的亮度不合适，可通过升降集光器的位置或开闭光圈的大小来调节，如果在调节焦距时，镜台下降已超过工作距离（＞5.40mm）而未见到物像，说明此次操作失败，则应重新操作，切不可心急而盲目地上升镜台。

2. 高倍镜的使用方法

（1）选好目标：一定要先在低倍镜下把需进一步观察的部位调到中心，同时把物像调节到最清晰的程度，才能进行高倍镜的观察。

（2）转动转换器，调换上高倍镜头：转换高倍镜时转动速度要慢，并从侧面进行观察（防止高倍镜头碰撞玻片），如高倍镜头碰到玻片，说明低倍镜的焦距没有调好，应重新操作。

（3）调节焦距：转换好高倍镜后，用左眼在目镜上观察，此时一般能见到一个不太清楚的物像，可将细调节器的螺旋逆时针移动 0.5～1 圈，即可获得清晰的物像（切勿用粗调节器）。如果视野的亮度不合适，可用集光器和光圈加以调节，如果需要更换载玻片标本，必须顺时针（切勿转错方向）转动粗调节器使镜台下降，方可取下载玻片标本。

3. 油镜的使用方法

（1）在使用油镜之前，必须先经低、高倍镜观察，然后将需进一步放大的部分移到视野的中心。

（2）将集光器上升到最高位置，光圈开到最大。

（3）转动转换器，使高倍镜头离开通光孔，在需观察部位的玻片上滴一滴香柏油，然后慢慢转动油镜，在转换油镜时，从侧面水平注视镜头与载玻片的距离，使镜头浸入油中而又以不压破载玻片为宜。

（4）用左眼观察目镜，并慢慢转动细调节器至物像清晰为止。如果不出现物像或者目标不理想要重找，在加油区之外重找时应按低倍→高倍→油镜程序。在加油区内重找应按低倍→油镜程序，不得经高倍镜，以免油沾污镜头。

（5）油镜使用完毕，先用擦镜纸蘸少许二甲苯将镜头上和标本上的香柏油擦去，然后再用干擦镜纸将其擦干净。

4. 显微镜的维护

显微镜是精密光学仪器，使用时一定要小心，注意保护。切忌水、酒精或其他化学药品等物浸损镜头、载物台或其他部分。用完后应按以下步骤处理。

（1）上升镜筒，取下载玻片。

（2）用擦镜纸拭去镜头上的镜油，然后用擦镜纸蘸少许二甲苯（香柏油溶于二甲苯）擦去镜头上残留的油迹，最后再用干净的擦镜纸擦去残留的二甲苯。

切忌用手或其他纸擦拭镜头，以免使镜头沾上污渍或产生划痕，影响观察。

（3）用擦镜纸清洁其他物镜及目镜；用绸布清洁显微镜的金属部件。

（4）将各部分还原，反光镜垂直于镜座，将物镜转成"八"字形，再向下旋。同时把聚光镜降下，以免接物镜与聚光镜发生碰撞危险。

六、思考题

1. 影响显微镜分辨率的因素有哪些？
2. 显微镜使用完毕后应该如何操作？

实验二　兔的外形观察及内部解剖

一、目的要求

1. 通过对家兔的外形观察、骨骼系统及内部解剖的观察，掌握哺乳类动物躯体轮廓、消化系统、呼吸系统、循环系统、泌尿系统和生殖系统的结构特点。

2. 掌握哺乳纲动物的主要特征，理解其进步性特征。

3. 熟练解剖动物的方法。

二、实验原理

将家兔处死是利用静脉注射空气致死。向静脉注射的空气,进入血液形成空气栓,空气栓随血流回流至右心室,然后被送到肺动脉,造成肺栓塞,大面积的肺栓塞使家兔不能进行气体交换,发生严重的缺氧和二氧化碳潴留,导致猝死。

三、实验器材

活家兔、解剖盘、酒精棉球、注射器、镊子、烧杯、手术刀、手术剪、骨钳、止血钳等。

四、实验操作

1. 外形观察及处死

家兔身体分为头、颈、躯干、尾和四肢五部分。颈很短,躯干较长,背部有明显的腰弯曲。前肢短小,有5指;后肢较长,具4趾。尾短小,位于躯干末端,腹部腹面近尾根处有泄殖孔和肛门,肛门在后。肛门两侧各有一个无毛区,提起此处皮肤,开口,打开皮肤。

取 10mL 注射器,抽入 10mL 空气,3 个人按住兔子,用酒精棉球将其一侧耳外侧毛擦湿,注射空气,到静脉血管。兔挣扎一会儿后死亡。

2. 打开皮肤

润湿腹部中间的毛,小心用剪刀从泄殖孔稍前方剖一横口,向上剪至颈部,用手术刀使皮肤和肌肉分离,将剥下的皮肤向左右尽可能拉开露出腹部。

3. 开腹腔

肾脏冠切。从泄殖孔的切口处着手,沿腹中线割开腹壁至胸骨剑突处,暴露腹腔。先观察各器官的自然位置。观察到:

胰腺:分散附着于(十二指肠)弯曲处的肠系膜上,为粉红色、分布零散而不规则的腺体。

胃:囊状,横卧于膈肌后面,入口称贲门,出口称幽门。

小肠:肠管长而细,分为十二指肠、空肠和回肠 3 段。十二指肠呈 U 形,空肠和回肠界限不易区分。

大肠:分为盲肠、结肠和直肠 3 段。盲肠为大肠的起始段,肠管最粗大,相当于一个发酵罐,其末端有蚓突,结肠表面有横褶,直肠细长。

膈肌:呈粉色,上面多有放射状红色细丝。

肾脏:移开胃后,可在其下观察到两肾,分布于两侧,其前端内缘各有一小的淡黄色扁圆形肾上腺,由肾门伸出的一条白色细管为输尿管,与肾血管、神经管相伴行,向后通入膀胱的背侧。取下一颗肾脏做冠切后,可看到肾脏的构造:在最外侧颜色较深的为肾皮质,里面颜色较浅的为肾髓质,在动、静脉附近可观察到肾乳头、肾盂、两个肾小盏及位于中间的肾大盏。

肝脏:在膈肌的下面呈红色的即为肝脏,翻开肝脏下方,用镊子轻轻拨开,即可看到墨绿色的胆囊。

4. 开胸腔:心脏观察、胸腺观察、心脏解剖

用左手轻轻掀起胸骨,右手持骨钳在胸骨左右侧剪断肋骨,暴露胸腔。轻轻拨开心脏和相邻的部分血管,可以看见气管及其背部的食管。观察到:

心脏:由左心房、右心房、左心室、右心室4部分组成,前部为左、右心房,呈红褐色;后部为心室,呈圆锥形,其壁较心房厚。尤其是左心室最厚。左、右房室口有瓣膜,左边为二尖瓣,右边为三尖瓣,能防止血液倒流。沿心室剪开可观察到房室瓣腱索、乳头肌、三尖瓣等。

5. 喉部软骨观察

沿着刚才剪开的胸骨继续向上剪开,即可观察到喉部(喉头和气管),在根部用剪刀剪下,剥开肌肉,观察到喉部软骨,包括环状软骨、甲状软骨、杓状软骨、会厌软骨。

6. 开颅腔:脑的各部分观察

取家兔头颅,剥下皮,用骨钳慢慢剪开其头骨,可观察到:嗅脑(头部最前方)、大脑(体积最大)、中脑四叠体(用镊子稍稍拨开大脑即可看到)、小脑(中脑下方)、延髓(最下方,伸至脊髓),轻轻拨开小脑可见其下一个空腔为第四脑室。

五、思考题

作出家兔各系统总结。

实验三 动物组织和植物组织石蜡切片观察

一、目的要求

1. 通过对植物组织的形态结构观察,了解5类组织的主要特点及相互区别。

2. 通过对动物组织的形态结构观察,进一步加深对其的认识。

二、实验器材

1. 材料:玉米、甜菜、洋葱、夹竹桃、小麦、南瓜、兔心脏和肾脏等切片。

2. 仪器：生物显微镜、擦镜纸、滤纸、纱布、铅笔等。

三、实验操作

观察以下 5 类组织。

1. 分生组织

(1) 取洋葱根尖观察其根冠、分生区(原分生组织)、伸长区(初生分生组织)、成熟区(根毛区)。

(2) 取甜菜叶片观察一个维管束中的形成层(次生分生组织)。

2. 薄壁组织

薄壁组织广泛存在于植物体中,取茎切片观察。同化组织是薄壁组织中最主要的一类,由栅栏组织和海绵组织组成。

(1) 取叶切片观察同化组织,比较其结构及叶肉细胞中叶绿体的数量。

(2) 比较单子叶植物与双子叶植物同化组织。

3. 保护组织

如根、茎、叶、花药、子房等器官的表皮。

4. 机械组织

取芹菜叶柄徒手切片观察厚角组织、厚壁组织。

5. 输导组织

(1) 取甜菜叶、玉米叶、小麦叶、南瓜茎切片,观察其维管束中的木质部和韧皮部组织的细胞特点。

(2) 比较 C_4 植物(玉米)和 C_3 植物(小麦、禾本科草)维管束的特点。

(3) 识别导管、筛管、伴胞等。

四、思考题

1. 绘图说明栅栏组织和海绵组织的主要区别。

2. 绘制一张完整的双子叶植物(甜菜)维管束图,并说明木质部、韧皮部和形成层的部位。

3. 画图说明单子叶植物(玉米)维管束的特点。

实验四　植物制片(徒手切片技术)

一、目的要求

1. 熟悉植物的徒手切片法。

2. 通过实际操作掌握植物徒手切片技术。

3. 观察植物厚角组织、厚壁组织的特点。

二、实验原理

植物制片技术是普通生物学显微技术内容的一个重要组成部分,是研究植物细胞学、解剖学的必要技术基础。在有关植物形态建成、植物杂交育种、作物病虫害防治、药用植物的培育和鉴别以及林木材性鉴定等多方面的研究中,都需要应用显微制片技术,由于各种作物器官的性质差异以及研究目的的不同,就需要不同的制片方法。徒手切片法是指手拿刀片把植物新鲜材料切成薄片,所作的切片通常不经染色或经简单染色后,制成临时的水装片用于观察。其方法简便,要求设备简单,但徒手切片技术要求熟练,方可切出符合要求的薄片。

三、实验器材

1. 材料:马铃薯块、芹菜叶柄等。

2. 仪器:生物显微镜、擦镜纸、载玻片、盖玻片、剪刀、镊子、双面刀片、滤纸、滴瓶、纱布、铅笔。

四、实验试剂

番红与固绿染色液、梯度乙醇、二甲苯、加拿大树胶等。

五、实验操作

1. 选取所切薄而完整的材料于 75% 乙醇中固定 10min。

2. 50% 乙醇 5min。

3. 蒸馏水 5min。

4. 1% 番红染色液染色 10min,自来水冲洗去掉浮色后,蒸馏水冲洗。

5. 50% 乙醇 5min。

6. 70% 乙醇中脱水 5min。

7. 0.5% 固绿复染不超过 25s,95% 乙醇冲洗。

8. 100% 乙醇 5min。

9. 100% 乙醇:二甲苯＝1:1 混合溶液 5min。

10. 二甲苯中透明 5min。

11. 加拿大树胶封片。

六、思考题

总结制片技术流程。

实验五　植物根、茎、叶的结构和解剖

一、目的要求

1. 了解单子叶植物和双子叶植物的根、茎、叶解剖结构的异同。
2. 了解维管组织的构成。

二、实验器材

1. 材料：单子叶植物(水稻)、双子叶植物(甜菜)的新鲜根、茎和叶；单、双子叶植物根、茎和叶的永久制片。
2. 仪器：显微镜、载玻片、盖玻片、解剖用具、单面刀片。

三、实验操作

1. 双子叶植物(甜菜)根的解剖结构

(1) 根的初生构造

通过甜菜幼根的根毛区做徒手横切，取最薄的一片制成临时装片，观察根的初生构造。在切片中首先可以见到由大而壁薄的细胞组成的皮层和中央的维管柱，最外层是根的表皮。当区分出表皮、皮层和维管柱三大部分之后，即转换高倍物镜，由外向内逐项进行详细的观察。

① 表皮

幼根的最外层细胞排列整齐而紧密，可以见到表皮细胞向外突出形成的根毛。

② 皮层

占幼根的大部分，由多层薄壁细胞组成。可以进一步分为外皮层(1～2层细胞)、皮层薄壁细胞(多层)和内皮层(1层细胞)3部分。内皮层细胞排列比较整齐，壁的情况比较特殊，其径向壁和上下横壁都有局部增厚并栓质化，连成环带状，即凯氏带。在永久制片的横切面上常见其径向壁上有很小的增厚部分(凯氏点)，被番红染成一个个的小红点，有时在清晰的制片中还能见到内皮层细胞壁上有一条被染成粉红色的凯氏带。

③ 维管柱(中柱)

内皮层以内就是维管柱。维管柱细胞一般较小而密集，由中柱鞘、初生木质部、初生韧皮部和薄壁细胞所组成。

中柱鞘是中柱的最外层，细胞壁薄，通常由1～2层细胞组成，排列整齐紧密。

初生木质部的细胞壁厚而胞腔大,其导管常被番红染成红色,排成 4～6 束,呈星芒状。每束的导管口径大小不一,靠外的最先成熟,口径最小,是螺纹和环纹加厚的导管,叫原生木质部;分布在近中心位置的导管分化较晚,口径大,是后生木质部,其导管着色往往较浅,甚至不显红色,可以说明根的初生木质部是外始式成熟。

初生韧皮部位于初生木质部的两束之间,与木质部呈相间排列,由筛管、伴胞等组成。注意其外侧常有一堆细胞壁厚而大小均匀的韧皮纤维,使初生韧皮部的位置不够明显,必须仔细观察。但许多植物根的韧皮部中没有这种纤维组织。

此外,在初生木质部和初生韧皮部之间还夹有薄壁组织分布。在甜菜根的最中心部分常存在一群未分化成导管的薄壁细胞,但在大多数双子叶植物根中,导管占据了根的中心部位,是没有髓的。

(2) 根的次生结构

大多数双子叶植物和裸子植物的根,在完成了由顶端分生组织活动形成的初生生长之后并不停留在初生生长这一阶段,而是由于维管形成层和木栓形成层的发生与分裂活动,不断地产生根的次生结构,因而使根得以不断增粗。

要了解这一变化的过程,必须先观察维管形成层发生的情况。

① 维管形成层的发生

取甜菜根横切所示形成层发生的永久制片或徒手切片,注意观察维管柱以内所发生的变化,可见在初生木质部和初生韧皮部之间的薄壁细胞已经恢复分裂能力,略呈弧形的条状,细胞扁窄。在有些制片中,还能见到位于初生木质部束尖端外侧的部分中柱鞘细胞也恢复了分裂能力,与前者相互连接,构成一个具 4～6 角的波浪状的形成层环,并见一些形成层细胞已开始最初步的切向分裂,形成少量的次生结构。

② 甜菜老根的次生结构

任取一种老根的永久制片或徒手切片,先在低倍镜下观察。首先辨认出环形的维管形成层(可简称形成层),其内为大量的次生木质部,其外为少量的次生韧皮部。同时中柱鞘也已产生了木栓形成层,并形成了周皮。此时表皮和皮层已脱落,从外向内逐层观察,区分出周皮、次生维管组织和占据中央位置的初生木质部几大部分以后,转换高倍物镜,再仔细观察各部分的细胞结构。

a. 周皮

周皮是老根最外面的几层细胞,呈扁方形,径向壁排列整齐。常被染成棕红色,没有胞核的死细胞是木栓层,胞壁已栓质化,为次生的保护组织。其内有几层扁方形的薄壁活细胞,内有原生质体和核,常被固绿染成蓝绿色,是木栓形成层和它刚分裂出的一些未分化的细胞。再往里有 2～3 层较大的绿色薄壁细胞是栓内层。初生韧皮部已被挤坏,分辨不清。

b. 次生维管组织

在周皮之内,呈蓝绿色的部分是次生韧皮部,包括筛管、伴胞和韧皮薄壁细胞,其中夹杂着少量的呈红色的韧皮纤维。此外,有许多韧皮薄壁细胞在径向上排列成行,呈放射状的倒三角形。这是韧皮射线,起着横向运输的作用。

在横切面上占主要部分的是被番红染成红色的次生木质部,包括导管、管胞、木纤维和木薄壁细胞。其中导管很容易辨认,它们是口径大,壁被染成红色的死细胞,原生质体已解体。值得注意的是,有些幼嫩的导管由于木质化程度低仅被染成淡红色,甚至有的刚由维管形成层分裂出来的导管仍保持着纤维素胞壁,呈绿色。管胞和木纤维在横切面上口径均较小,一般也都被染成红色,所以二者不易区分。此外,还有许多被染成绿色的木薄壁细胞夹杂其中,呈径向的放射状排列,这是木射线。注意,木射线与韧皮射线常是相通的,可合称为维管射线。

维管形成层界于次生木质部与次生韧皮部之间,是扁长形的薄壁细胞。实际上应该只有一层,但由于它的分裂活动迅速,向内、向外刚产生的细胞尚未分化成熟,都被染成浅绿色,因此,在横切面上见到的往往是多层扁平细胞组成的"形成层区"。

c. 初生木质部

它仍保留在根的中心,呈星芒状。它的存在是区分根和茎的次生结构的主要标志之一。

2. 单子叶植物(水稻)茎的解剖结构

单子叶植物茎一般没有形成层,因此仅有初生结构。和双子叶植物的不同之处还有:其维管束呈散生状态,散布于具髓腔或不具髓腔的基本组织之中;基本组织没有皮层和髓的明显界线,故统称基本组织。现以不具髓腔的水稻茎节间为例,进行观察。

取水稻茎横切面永久制片或徒手切片观察,可见最外一层表皮细胞的外壁上有较厚的角质层,其间有气孔器,保卫细胞很少,两旁的副卫细胞稍大,中间裂缝为气孔。表皮下数层细胞形状小、排列紧密、壁厚而木质化,是厚壁细胞,称为外皮层,是基本组织的一部分,有机械支持的作用。由于制片时取材的老嫩不同,这圈细胞的层次和壁加厚程度均有不同。在外皮层以内的基本组织为薄壁细胞,细胞较大,排列疏松、有胞间隙,其中散布着维管束。

换高倍物镜,仔细观察一个维管束的结构,可以见到它均具有明显的由厚壁细胞组成的维管束鞘,里面只有木质部和韧皮部两部分,其间没有形成层。它是有限维管束,因此无法进行加组的生长。初生韧皮部的位置靠外方,其中原生韧皮部在最外面有时已被挤破;后生韧皮部在它的里侧,是有功能的部分,只含筛管和伴胞两种成分,排列十分规则,初生木质部通常含有3~4个显著的、染成红色的导管,口径较大,在横切面上排列成 V 形。其下半部分是原生木质部,由1~2个较小的导管和少量的薄壁细胞组成,往往由于茎的伸长而将环纹或螺纹的导管扯破,形成一个空腔,叫气道。V 形的上半部是后生木质部,有两个大的孔纹导管,二者之间分布着一些管胞。从整个维管束来看,它属于有限的外韧维管束。

此外,还可以用小麦和玉米等单子叶植物茎横切面永久制片观察。它们的主要特点是:茎中空,即具有髓腔;维管束的数目较少,仅排列成 2~3 圈,分散于基本组织之中。如果所观察的材料是露出叶鞘的节间部分,则表皮以内还可能有几层绿色的同化组织,常和波形的厚壁组织相间。维管束的具体结构和水稻茎大同小异。

3. 单子叶、双子叶植物叶片的解剖结构

(1) 单子叶植物叶片的解剖结构

取水稻叶片通过中脉的横切永久制片或徒手切片,先在低倍镜下观察,区分出表皮、叶肉和叶脉 3 部分,找出中脉与侧脉的部位,然后置高倍显微镜下逐项观察下列内容。

① 周皮

周皮也是一层表皮细胞,外具角质层,有保护作用。它是一种复合组织,多数细胞是普通的表皮细胞,其中夹着较小的气孔保卫细胞,成对存在,染色较深。在其两侧为略大一些的副卫细胞,和保卫细胞一起,构成水稻的气孔器。在表皮中常有几个较大的细胞连在一起,一般位于两个叶脉之间的上表皮中,在横切面上略呈扇形,叫泡状细胞或运动细胞。此外,还有表皮毛。

② 叶肉

细胞比较均一,没有栅栏组织和海绵组织之分,都是富含叶绿体的同化组织。如要了解叶肉细胞的立体状态,可离析水稻叶肉细胞,使其彼此分离后再置显微镜下观察。

③ 叶脉

为平行叶脉,所以在横切面上多呈横切状态。维管束为有限维管束,在中脉处较大的维管束中也不具有形成层。靠近上表皮的为木质部,靠近下表皮的是韧皮部。包围在它们之外的是两层维管束鞘,其内层细胞较小,壁厚,无叶绿体;外层细胞较大,壁薄,含有的叶绿体不如叶肉细胞多。在维管束的上面和下面的表皮以内为厚壁组织,由于壁的木质化,常被染成红色,有机械支持的作用,主要在中脉处较显著。

(2) 双子叶植物叶片的解剖结构

以甜菜叶为例。取甜菜叶横切面的永久制片或徒手切片观察,首先分清表皮、叶肉和叶脉 3 部分,并注意辨识叶片的上、下表面,然后换高倍镜观察其详细结构。

① 表皮

它是排列紧密的一层生活细胞,呈长方形。细胞外壁角质化,有连续的角质层,没有叶绿体。在表皮细胞之间有染色较深的保卫细胞,它们有叶绿体,这是其突出的特点之一。在表皮上有单细胞簇生的表皮毛和具有分泌功能的多细胞腺毛,染色也较深。

② 叶肉

它是叶内最发达的组织,可分为明显的两部分。紧靠上表皮内方的是栅栏组织,细胞排列紧密,呈圆柱形,以细胞的长径与表皮细胞相垂直,含有丰富的叶绿体,因此,新鲜的甜菜叶上表面的绿色较深。在栅栏组织的下方、下表皮之内,是细胞形状不甚规则的海绵组织,细胞排列疏松,胞间隙较大,在气孔内侧的更大的胞间隙特称为孔下室。

③ 叶脉

甜菜叶的主脉(中脉)具有较大的维管束,远轴面向外突出较多,而近轴面稍有突出。在靠近上表皮(近轴面)下的是厚角组织,可见明显的角部加厚现象,其内部为薄壁细胞。同样,在靠近下表皮(远轴面)内侧的也是厚角组织,具有机械支持的作用,它的内侧也是薄壁细胞,不含叶绿体。主脉的维管束在横切面上占有显著的地位,在近轴面一侧的是木质部,在远轴面一侧的是韧皮部,夹在二者之间的扁平细胞是形成层,它们的活动是有限的。成串的口径较大的红色细胞是导管,为木质部最重要的组成部分。在韧皮部,有成串的口径较大的薄壁细胞被染成绿色,和筛管、伴胞相间排列,筛管染色较深,故不难鉴别。

四、思考题

1. 维管组织的结构特征和其功能有何关系?
2. 维管组织和植物的进化地位有何关系?

实验六 光学显微标本的制作技术

一、目的要求

掌握光学显微镜切片制作技术的基本方法和步骤。

二、实验原理

采用光学显微镜研究一般生物体的内部结构,在自然状态下是无法观察清楚的,多数动、植物材料都必须经过某种处理,将组织分离成单个细胞或薄片,光线才能通过细胞。为了适应这个需要,就产生了光学显微镜制片技术,其方法可分为两大类:一类是非切片法,另一类是切片法。

非切片法,是用物理或化学的方法,使细胞彼此分离,如有分离法、涂布法、压碎法等。非切片法的操作比较简单,能保持细胞的完整,但是细胞之间的正常位置往往被更动,无法反映细胞之间的正常联系。它可以与切片法配合使用,各取其长处。

切片法,是利用锐利的刀具将组织切成极薄的片层,材料必须经过一系列特殊的处理,如固定、脱水、包埋、切片、染色等,过程十分繁复。在制作过程中还要经过一系列的物理和化学的处理,这些处理方法可根据各种不同材料的性质要求进行合理选择。切片法虽然工序烦琐,技术复杂,但是它最能保持细胞间的正常相互关系,能较好和较长时间地保留细胞的原貌,所以仍然是光学显微镜的主要制片方法。

三、实验器材

1. 材料:洋葱根或小鼠肝。
2. 仪器:石蜡切片机、恒温蜡箱、载玻片、盖玻片。

四、实验试剂

乙醚、无水乙醇、甲醛、冰乙酸、苦味酸、重铬酸钾、锇酸、正丁醇、二甲苯、石蜡、甘油、鸡蛋、纱布、加拿大树胶、麝香草酚。

五、实验操作

光学显微镜切片制作技术中最简单的切片法是徒手切片,但是由于组织块往往十分柔软,切削很困难,而且无法得到十分薄的切片,因此必须先用某些特殊物质渗入组织块的内部起支持作用,并将整个组织块包住,然后再用精密的切片机制作切片,才能获得良好的效果。这种方法称为包埋法,包埋的物质称为包埋剂。常用的包埋剂有石蜡、火棉胶、炭蜡、明胶等,水和塑料也可作为包埋剂。根据包埋剂的不同,分别有石蜡切片、火棉胶切片、冰冻切片等,它们各有长处,可以根据需要选用,但是使用得最多的还是石蜡切片技术。

石蜡作为包埋剂有其独特的优点,例如:石蜡能切出极薄的蜡片(2～

$10\mu m$）；切片时能连成蜡带，便于制作连续切片；操作较容易，组织块可以包埋在石蜡中长期保存。然而石蜡切片的制作过程较长，步骤很多，一步不慎往往导致前功尽弃，而且这些处理引起组织或多或少的收缩，切片时受湿度影响比较大，这些不足之处必须在制片过程中认真对待，尽量减小它的不良影响。

石蜡切片的制作过程主要包括取材、固定、脱水、透明、透蜡、包埋、切片、贴片、染色、再透明、封藏等步骤。

1. 取材

材料的好坏直接影响到切片的质量，无论取哪一种动植物材料，以下几点都是必须注意的。

（1）植物材料选择时需尽可能不损伤植物体或所需要的部分；动物材料取用时常对动物施以麻醉，常用的麻醉剂有氯仿和乙醚，或将动物杀死后迅速取出所需要的组织。

（2）取材必须新鲜，这一点对于从事细胞生物学研究尤为重要，应该尽可能割取生活着的组织块，并随即投入固定液。

（3）切取材料时刀要锐利，避免因挤压细胞使其受到损伤。

（4）切取的材料应该小而薄，便于固定剂迅速渗入内部。一般厚度不超过2nm，大小不超过 5mm×5mm。

2. 固定

组织和细胞离开机体后，在一定时间内仍然延续着生命活动，会引起病理变化直至死亡。为了使标本能反映它生前的正常状态，必须尽早地用某些化学药品迅速杀死组织和细胞，阻抑上述变化，并将结构成分转化为不溶性物质，防止某些结构的溶化和消失。这种处理就是固定。除了上述作用外，固定剂会使组织适当硬化以便随后的处理，还会改变细胞内部的折射系数并使某些部分易于染色。

固定剂的作用对象主要是蛋白质，至于其他成分如脂肪和糖，在一般制作时不加考虑，如要观察这些物质，可用特殊的方法将其固定下来。

固定剂的作用表现在对材料体积的改变、硬化的程度、穿透的速度以及对染色的影响等方面。这些作用的好坏、大小，都依所固定的材料性质而定，同样一种固定液对某一材料来说是良好的，但对另外一些组织可能就不很适用。良好的固定剂必须具备的特征是：穿透组织的速度快，能将细胞中的内含物凝固成不溶解物质，不使组织膨胀或收缩以保持原形，硬化组织的程度适中，增加细胞内含物的折光度，增加媒染和染色能力，具有保存剂作用。

固定剂有简单固定剂和混合固定剂的划分。

简单固定剂即单一的固定剂，常用的有乙醇、甲醛、冰乙酸、升汞、苦味酸、铬酸、重铬酸钾和锇酸。其中苦味酸、升汞、铬酸既能凝固细胞清蛋白，又能凝固核蛋白；乙醇只能凝固清蛋白，而冰乙酸只能凝固核蛋白；甲醛、锇酸和重铬酸钾对这两种蛋白质都不凝固。

简单固定剂的局限性较大，如将其适当混合，制成复合固定剂可以取得更好的效果。常用的混合固定剂有 Bouin 液（70 份苦味酸饱和水溶液＋25 份 4％甲醛＋5 份冰乙酸）、Zenker 液（5g 升汞＋2.5g 重铬酸钾＋1.0g 硫酸钠＋5mL 冰乙酸＋100mL 蒸馏水）、Garnoy 改良液（3 份无水乙醇＋1 份冰乙酸）等。固定剂的种类很多，必须依据各种固定剂的性能及制片的不同要求来选择。

固定时，必须注意以下几点：

（1）固定剂应有足够的量，一般为组织块体积的 10～15 倍。

（2）如所固定的材料外表有不易穿透的物质，可将材料先在含乙醇的溶液中固定几分钟，再移入水溶性的固定液。

（3）材料固定后如不立即下沉，可将其中气泡抽出。

（4）固定时间依材料大小、固定剂种类而异，可从 1 小时到几十小时，有时中间需要更新固定剂。某些固定剂对组织的硬化作用较强，作用时间应严加控制，不能过长。

（5）一般固定剂都以新配制的为好，用过的不能再用。有些混合固定剂由甲、乙两液合并者，一定要在使用前才混合。

（6）固定完毕，根据所用固定剂的不同，用水或乙醇冲掉残留的固定剂，以免固定剂形成沉淀，影响以后组织块的染色。

3. 脱水

生物组织中含有大量的水分，它和石蜡是不相溶的，致使在包埋时石蜡无法渗入组织内部，因此必须使用脱水剂将水分除尽，这就是脱水的作用。

脱水剂必须能与水以任何比例相混合。脱水剂有两类：一类是非石蜡溶剂，如乙醇、丙酮等，脱水后必须再经过透明，才能透蜡包埋；另一类是石蜡溶剂，如正丁醇，脱水后即可直接透蜡。

常用的脱水剂是乙醇，因为它价格便宜，易于得到。为了避免剧烈的扩散引起组织的强烈收缩，脱水步骤应从低到高以一定的浓度梯度来进行，一般组织从 30％乙醇开始，经过 50％、70％、80％、95％、100％至完全脱水；对于一些柔软的组织应从 15％开始。脱水时间依据组织的类型和大小而定，一般在各级乙醇中放置 45min～1h，如果中间需停顿，应使材料停留在 70％乙醇中，因为低浓度乙醇易使组织变软、解体，高浓度乙醇有脆化组织作用，放置时间不能过长。另外，脱水必须在有盖瓶中进行，以防止高浓度乙醇吸收空气中水分导致浓度降低而使脱水不彻底。需要保存的材料可脱水至 70％乙醇时停留其中，如需长期保存,可加入等量的甘油。

丙酮也是很好的脱水剂,其作用和用法与乙醇相同,不过其脱水力和收缩力都比乙醇强。

甘油常用于藻类、菌类及柔弱材料的脱水。

正丁醇可与水及乙醇混合,也为石蜡溶剂,其优点是很少引起组织块的收缩与变脆。

叔丁醇的性质、作用和用法同于正丁醇,但因其价格昂贵而很少使用。

4. 透明

组织块用非石蜡溶剂脱水后必须经过透明。透明剂能同时与脱水剂和石蜡混合,它取代了脱水剂后,石蜡便能顺利地渗入组织。透明剂的种类很多,较常用的是二甲苯、甲苯、苯、氯仿、香柏油和苯胺油等。

二甲苯作用较快、透明力强,但组织块在其中停留过久容易收缩变脆、变硬,同时若脱水不净就会引起不良后果,在应用时必须特别小心。通常将组织块先经纯乙醇与二甲苯的等体积混合液,再进入纯二甲苯,这样可减少上述的缺点。透明时间应由组织大小而定,一般各级停留时间在 30min～2h,在纯二甲苯中应更换 2 次,总时间以不超过 3h 为宜。材料经过透明会显示出前一步脱水的效果,若脱水彻底,组织显现透明状态,如组织中有白色云雾状,说明脱水不净,必须返工处理,但返工的效果往往不好。使用二甲苯透明时,应避免其挥发和吸收空气中的水分,并保持其无水状态。

甲苯的一般性质与二甲苯相似,用法亦同,只是沸点较低,透明较慢,但不会使组织变脆。

苯的用法同于二甲苯,对组织的收缩作用小,但须警惕其爆炸和吸入而引起中毒。

氯仿适用于大块组织的透明。

5. 透蜡和包埋

包埋用的石蜡,熔点在 50～60℃,应根据材料本身的硬度、切片的厚薄和当时的气温选择,切片薄的用 58～60℃ 的,切片厚的则用 52～54℃ 的;室温 10～19℃ 时选用 52～54℃ 的石蜡可顺利切片,冬季可用熔点 46～48℃ 的,夏季可选 56～58℃ 的石蜡。

石蜡的优劣与切片的成败密切相关。鉴别石蜡质量的方法是:将石蜡熔化后倒入纸盒使其凝结,无气泡和裂痕,且在 30～35℃ 放置 24h 无气泡和不透明的晶状小点出现,蜡块裂面不呈颗粒状,切成薄片不碎成细粒。这种石蜡即为品质优良。含有杂质的新蜡或用过的废蜡可清洁后再用,方法是将石蜡放入锅内,加热到开始冒白烟,然后用小火继续加热 30min(注意别超过发火点),使其去除水分和挥发性杂质,并在温箱中过滤以去除灰尘等颗粒。

透蜡必须在恒温箱中进行,恒温箱的温度调节至高于石蜡熔点 3℃,使经过透明的组织块依次用石蜡与二甲苯的等量混合液、纯石蜡处理。纯石蜡应处理 2~3 次,透蜡的时间依材料性质而定,一般每次需 15~30min。

透明的关键是控制温度的恒定,切忌忽高忽低,温度过低则石蜡凝固无法渗透,温度过高使组织收缩发脆。

包埋是使浸透蜡的组织块包裹在石蜡中。具体做法是:先准备好纸盒,将熔蜡倒入盒内迅速用预温的镊子夹取组织块平放在纸盒底部,切面朝下,再轻轻提起纸盒,平放在冷水中,待表面石蜡凝固后立即将纸盒按入水中使其迅速冷却凝固,30min 后取出。

包埋用蜡的温度应略高于透蜡温度,保证组织块与周围石蜡完全融为一体。石蜡的迅速冷却也很重要,否则包埋块中将会产生结晶,以后切片时会碎裂。

6. 切片

(1) 石蜡块的固着与整修

在包埋以后,就可进行切片。包埋好的石蜡块装上切片机进行切片前还需进行固着和整修。

① 固着:一般旋转式切片机上都附有可固着石蜡块的金属小盘,这也可用同样大小的台木替代。用加热的蜡铲将包埋块粘贴于固着物上,并使组织块朝外,便于以后迅速切出所需的片子。

② 整修:用加热的蜡铲或刀片将固着的包埋块四周修平,上下两面修成平行面,保留组织周围附着宽 2~3nm 的石蜡,修好的蜡块呈长方形。还可削去一角以便在蜡带上识别切片。

(2) 切片机和切片刀

切片机是用来做各种组织切片的一种专门设计的精密机械,常用的是旋转式切片机,它的夹物部分是上下移动前后推进的,而夹刀部分则固定不动。主要部件是安装切片刀的刀台、安装包埋块的标本台和控制切片厚度的微动装置。切片时切片刀固定不动,转动转轮,标本台上下运动并按调好的切片厚度向前推进一定的距离,组织块上下运动一次,便在刀片上得到一张合乎厚度要求的切片。

切片刀与切片的质量直接相关。切片前必须磨刀,方法是:将切片刀装上刀柄、刀背夹,滴少许石蜡油在平滑的磨刀石上,将刀贴着磨刀石以背向刀口方向磨,使用完毕后应及时用二甲苯将石蜡油擦净。

(3) 切片方法

切片前,将刀口置放大镜下观察,选择刀口平整无缺刻的部分来进行切削。

将所要切的包埋块固定在标本台上,使包埋块外切面与标本夹截面平行,并让包埋块稍露出一截。将刀台推至外缘后松开刀片夹的螺旋,上好刀片,使切片刀平面与组织切面间呈 15°左右的夹角,包埋块上下边与刀口平行。在微动装置上调节切片要求的厚度,调节时应注意指针不可在两个刻度之间,否则容易损伤切片机,将刀台移至近标本台处,让刀口与组织切面稍稍接触,这时就可以开始切片了。

方法是:右手转动转轮,左手持毛笔在刀口稍下端接住切好的片子,并托住切下的蜡带,待蜡带形成一定长度后,右手停止转动,持另一支毛笔轻轻将蜡带挑起,平放于衬有黑纸的纸盒内。注意切片速度不宜太快,摇动转轮用力应均匀,防止切片机震动厉害引起切片厚薄不均匀,还应注意转动的方向以防标本台后移而切不到片子。切片完毕,应及时用氯仿将切片机的有关部分擦净。

7. 贴片

切好的切片必须贴附于载玻片上才能做进一步处理,但是切片常有细小的横纹,必须经展平后才能贴附,否则会影响染色和观察。

贴片一般有捞片法和烫板法。

捞片法比较简单,首先将切片分割开,投入 48℃的温水浴中,这时切片浮在水面上,由于表面张力的作用使切片自然展平,然后用涂有甘油蛋白溶液(将一个鸡蛋打破入杯中,去除蛋黄留下蛋白,用筷子充分调打成雪花状泡沫,然后用双层纱布过滤至容器中,加入等量的甘油,混合,最后加入百分之一体积的麝香草酚(thymol)作防腐用,可保存几个月到一年)或 5%明胶水溶液的载玻片倾斜着插入水面去捞取切片,使切片贴附在载玻片的合适位置,于室温下放置一昼夜后使其彻底干燥。

烫板法,是将涂有封片剂的载玻片上涂上水,把已分割好的切片贴上去,再置载玻片于 35℃恒定的烫板上让切片摊干,并倾斜或用吸水纸吸去水分,最后将载玻片再度放烫板上晾干。

要注意,不管是使用捞片法还是烫板法,所用的载玻片必须洁净,不能有油污(检验方法:已涂有粘片剂的载玻片上滴加数滴蒸馏水,若发现水不均匀分散而聚成滴状,即表示载玻片不清洁,有残留油脂等物在上面);切片的光面应朝下,否则在染色过程中切片容易脱落。

8. 染色

组织切片是无色透明的,必须进行染色后才能观察到各种微细结构。染色方法很多,但是染色剂往往是水溶液,因此切片必须经过脱蜡而再度复水。这一方法即为脱水、透明的逆过程。由于切片十分薄,处理的时间大大减少,一般每级停留 2~5min。

染色是一个复杂的过程,兼有物理和化学作用,对其中的机制目前了解得不很清楚。研究细胞器和细胞内的重要组分都有很多现成的方法,例如显示 DNA 的 Feulgen 反应,显示 RNA 的 Brachet 反应,显示多糖的 PAS 反应,显示蛋白质的 Millon 反应和显示某些酶的钙-钴法等,可以根据不同的要求来选用。

9. 再透明

染色后的切片需再次经过脱水、透明。标本经二甲苯透明后,折射率改变,透明度提高,使得染上色的部位更清晰地显示出来。

10. 封藏

封藏的目的是使制成的切片能够永久保存,封藏剂必须是能与透明剂互溶,对染色无影响、折射率近似玻璃和具有粘性的物质。常用的封藏剂有加拿大树胶和中性树胶。

封片的方法是将载玻片从二甲苯中吸出后,吸去多余的二甲苯,在标本上的二甲苯尚未干透之前加一滴树胶,仔细覆盖上盖玻片,避免产生气泡,也不得拖动盖玻片,以免将标本破坏。树胶量视盖玻片大小而定,勿使过多或过少。

贴上标签,并注明材料和染色法,待封藏剂凝固后便成为一张成功的石蜡切片。

六、思考题

1. 在切片制作过程中,取材应注意什么?

2. 为什么说石蜡的优劣与切片的成败密切相关? 恒温在透蜡过程中有何作用?

第三章

生物化学实验

实验一　糖的颜色反应和还原作用

Ⅰ.莫　氏　反　应

一、目的要求

掌握莫氏(Molisch)反应鉴定糖的原理和方法。

二、实验原理

　　糖经浓无机酸(浓硫酸、浓盐酸)脱水产生糠醛或糠醛衍生物,其能与多元酚等物质作用,产生特有的颜色反应,借此可对糖类物质进行定性和定量的测定。

　　本实验是鉴定糖类最常用的颜色反应,糖经浓酸脱水产生糠醛或糠醛衍生物能与α-萘酚生成紫红色缩合物。在糖溶液与浓硫酸两液面间出现紫环,因此又称紫环反应。自由存在和结合存在的糖均呈阳性反应,此外,各种糠醛衍生物、葡萄糖醛酸、丙酮、甲酸、乳酸等皆呈颜色近似的阳性反应。因此,阴性反应证明没有糖类物质的存在;而阳性反应则说明有糖存在的可能性,需要进一步通过其他糖的定性试验才能确定有无糖的存在。

三、实验器材

　　试管、棉花或滤纸。

四、实验试剂

　　1. 莫氏试剂:称取 α-萘酚 2g,溶于 95％乙醇并稀释至 100mL,新鲜配制。

　　2. 1％葡萄糖溶液:称取葡萄糖 1g,溶于蒸馏水并定容至 100mL。

　　3. 1％果糖溶液:称取果糖 1g,溶于蒸馏水并定容至 100mL。

　　4. 1％树胶醛糖溶液:称取树胶醛糖 1g,溶于蒸馏水并定容至 100mL。

5. 1%麦芽糖溶液：称取麦芽糖 1g,溶于蒸馏水并定容至 100mL。

6. 1%蔗糖溶液：称取蔗糖 1g,溶于蒸馏水并定容至 100mL。

7. 1%淀粉溶液：将 1g 可溶性淀粉与少量冷蒸馏水混合成薄浆状物,然后缓缓倾入沸蒸馏水中,边加边搅拌,最后以沸蒸馏水稀释至 100mL。

8. 浓硫酸 1mL。

五、实验操作

取 6 支已标号的试管,分别加入 1mL(约 15 滴)6 种 1%的各种糖溶液,再各加莫氏试剂 2 滴(勿碰管壁!),摇匀。然后将试管倾斜,沿管壁慢慢加入浓硫酸 1mL(切勿振摇!),小心竖起试管,硫酸层沉于试管底部与糖溶液分成两层,观察液面交界处有无紫红色环出现。另外再取 1 支试管加入少量棉花或滤纸和 1mL 蒸馏水,重复操作并记录现象,说明原因。

Ⅱ. 塞 氏 反 应

一、目的要求

掌握塞氏(Seliwanoff)反应鉴定酮糖的原理和方法。

二、实验原理

本实验是鉴定酮糖的特殊反应。在浓酸的作用下,酮糖脱水生成 5-羟甲基糠醛,后者与间苯二酚作用,生成鲜红色的化合物,反应迅速,仅需 20～30s,有时也同时产生棕色沉淀,此沉淀溶于乙醇。在同样条件下,醛糖形成羟甲基糠醛较慢,只有糖浓度较高时或需要较长时间的煮沸,才显示微弱的阳性反应。蔗糖被盐酸水解生成的果糖也能显示阳性反应。

三、实验器材

恒温水浴锅、试管。

四、实验试剂

1. 塞氏试剂：50mg 间苯二酚溶解于 100mL 盐酸中(V_{H_2O}：V_{HCl}＝2：1),新鲜配制。

2. 1%各种糖溶液：同本实验 A 实验试剂相关内容。

五、实验操作

取 6 支已标号的试管,分别加入 1mL 塞氏试剂,再将 6 种 1%的各种糖溶液

4 滴分别滴加到各试管内,摇匀。放入沸水浴中,比较各管颜色变化及出现颜色的先后顺序。

Ⅲ. 拜 尔 反 应

一、目的要求

掌握拜尔(Bial)反应鉴定戊糖的原理和方法。

二、实验原理

戊糖与浓盐酸加热形成糠醛,在有三价铁离子存在下,它与甲基间苯二酚(地衣酚)缩合,形成深蓝色的沉淀物。

三、实验器材

恒温水浴锅、试管。

四、实验试剂

1. 拜尔试剂:溶解 1.5g 地衣酚于 500mL 浓盐酸并加 20～30 滴 10％三氯化铁溶液。

2. 1％各种糖溶液:同本实验 A 实验试剂相关内容。

五、实验操作

取 6 支已标号的试管,分别加入 1mL 拜尔试剂,再将 6 种 1％的各种糖溶液 2 滴分别滴加到各试管内,摇匀。放入沸水浴加热 5min,观察颜色变化。

Ⅳ. 费 林 反 应

一、目的要求

掌握费林(Fehling)反应鉴定还原糖的原理和方法。

二、实验原理

醛糖含有游离的醛基,可使许多弱氧化剂如碱性溶液中的重金属离子(Cu^{2+}、Ag^+、Hg^{2+} 等)被还原,具有很好的还原性,因而醛糖都是还原糖(reducing sugar);在碱性溶液中酮糖能异构化为醛糖,因而酮糖也是还原糖。

费林试剂由 $NaOH$、$CuSO_4$ 和酒石酸钾钠组成。$CuSO_4$ 与碱性溶液混合加热,则生成黑色的氧化铜沉淀;若同时有还原糖存在,则产生黄色或砖红色的氧化亚铜沉淀。

为了防止 Cu^{2+} 和碱反应发生氢氧化铜或碱性碳酸铜沉淀,在费林试剂中加入酒石酸钾钠,它与 Cu^{2+} 形成的酒石酸钾钠络合铜离子是可溶性的络离子。

三、实验器材

恒温水浴锅、试管。

四、实验试剂

1. 费林试剂

试剂 A:称取硫酸铜($CuSO_4 \cdot 5H_2O$)34.5g,溶于蒸馏水并稀释至 500mL。

试剂 B:称取氢氧化钠 125g,酒石酸钾钠 137g,溶于蒸馏水并稀释至 500mL。然后将试剂 A 和试剂 B 储存在带橡皮塞瓶中。临用时将试剂 A 与试剂 B 等体积混合。

2. 1% 各种糖溶液:同本实验 A 实验试剂相关内容。

五、实验操作

取 6 支已标号的试管,分别加入费林试剂 A 和 B 各 1mL,混匀。再将 6 种 1% 的各种糖溶液 1mL 分别滴加到各试管内,摇匀。沸水浴中加热 3min,冷却,观察各管变化。

Ⅴ. 本尼迪特反应

一、目的要求

掌握本尼迪特(Benedict)反应鉴定还原糖的原理和方法。

二、实验原理

费林反应和本尼迪特反应常用作还原糖的定性或定量测定。本尼迪特试剂是费林试剂的改良,它应用柠檬酸作为 Cu^{2+} 的络合剂,其碱性比费林试剂弱,在实际应用中有更多的优点:①试剂稳定,不需临用时配制;②不因氯仿的存在而被干扰;③肌酐或肌酸等物质所产生的干扰程度远较费林试剂小。因此,临床上常用作尿糖(葡萄糖)的定性与半定量测试。

三、实验器材

恒温水浴锅、试管。

四、实验试剂

1. 本尼迪特试剂：称取 85g 柠檬酸钠及 50g 无水碳酸钠,溶解于 400mL 蒸馏水中。另溶解 8.5g 硫酸铜于 50mL 热水中。将硫酸铜溶液缓缓倾入柠檬钠-碳酸钠溶液中,边加边搅拌,如有沉淀可过滤。此混合液可长期使用。

2. 1‰各种糖溶液：同本实验 A 实验试剂相关内容。

五、实验操作

取 6 支已标号的试管,分别加入 1mL 6 种 1‰的各种糖溶液,再各加本尼迪特试剂 2mL,摇匀。置沸水浴中加热 3min,取出冷却,观察各管变化。

Ⅵ. 巴福德反应

一、目的要求

掌握巴福德(Barfoed)反应鉴定单、双还原糖的原理和方法。

二、实验原理

本实验是在酸性条件下进行还原作用。在酸性溶液中,单糖和还原二糖的还原速度有明显差异。单糖在 3min 内就能还原 Cu^{2+},而还原二糖则需 20min。所以,该反应可用于区别单糖和还原二糖。当加热时间过长,非还原性二糖被水解也能呈现阳性反应;还原二糖浓度过高时,也会很快呈现阳性反应;若样品中含有少量 NaCl 也会干扰此反应。

三、实验器材

恒温水浴锅、试管。

四、实验试剂

1. 巴福德试剂：溶解 33.3g 中性结晶的乙酸铜于 400mL 蒸馏水中,加 3mL 冰乙酸,以蒸馏水定容至 500mL,新鲜配制。

2. 1‰各种糖溶液：同本实验 A 实验试剂相关内容。

五、实验操作

取 6 支已标号的试管,分别加入 1mL 巴福德试剂,再将 6 种 1‰的各种糖溶液 4 滴分别滴加到各试管内,摇匀。同时放入沸水浴中,煮沸约 3min,比较记录各管变化,继续煮沸 20min 以上,比较各管颜色变化及出现的先后顺序。

六、思考题

综合运用学过的糖的颜色反应和还原作用的各种实验方法,设计实验鉴别以下七种未知液:蒸馏水、葡萄糖、果糖、蔗糖、麦芽糖、树胶醛糖和淀粉。要求:写出利用的实验名称及实验流程,并说明判断依据。

实验二　淀粉的实验

一、目的要求

1. 了解淀粉多糖的制备方法。
2. 熟悉淀粉多糖的碘试验反应原理和方法。
3. 掌握淀粉水解过程。

二、实验原理

淀粉是植物的储存多糖,也是动物食物的重要组成部分。淀粉广布于植物界,谷物、果实、种子、块茎中的淀粉含量都较高,麦子中含淀粉 57%~75%,大米中含淀粉 62%~86%,马铃薯中含淀粉则超过 90%。工业用的淀粉主要来源于玉米、山芋、马铃薯,本实验以马铃薯为原料,利用淀粉不溶或难溶于冷水的性质来制备淀粉。

淀粉有直链淀粉和支链淀粉两类。淀粉遇碘呈蓝色,是由于碘被吸附在淀粉分子的螺旋圈内,形成淀粉-碘复合物,此复合物不稳定,极易被醇、氢氧化钠和加热等使颜色褪去,其他多糖大多能与碘呈特异的颜色,此类呈色产物也不稳定。

淀粉在酸或淀粉酶作用下发生水解,转化成为一系列较小的相对分子质量不等的中间产物,称为糊精。水解得到二糖为麦芽糖,最后完全水解后得到葡萄糖,其过程如下:

$$(C_6H_{10}O_5)_x \longrightarrow (C_6H_{10}O_5)_y \longrightarrow C_{12}H_{22}O_{11} \longrightarrow C_6H_{12}O_6$$

淀粉　　　各种糊精　　　麦芽糖　　　葡萄糖

淀粉完全水解后,失去与碘的作用,同时出现单糖的还原性。

三、实验器材

马铃薯、恒温水浴锅、电炉、石棉网、天平、纱布、研钵、漏斗、表面皿、白瓷板、胶头滴管、试管、烧杯(100mL)、量筒、吸管。

四、实验试剂

1. 稀碘液：配制 2% 碘化钾溶液，加入适量碘，使溶液呈淡棕黄色即可。

2. 95% 乙醇。

3. 10% NaOH 溶液：称取 NaOH 10g，溶于蒸馏水并稀释至 100mL。

4. 本尼迪特试剂：见本章实验一。

5. 20% H_2SO_4 溶液：取蒸馏水 78mL 置烧杯中，加入浓 H_2SO_4 20mL，混匀，冷却后储于试剂瓶中。

6. 10% Na_2CO_3 溶液：称取无水 Na_2CO_3 10g，溶于蒸馏水并稀释至 100mL。

五、实验操作

1. 马铃薯淀粉的制备

取 10g 去皮、洗净的生马铃薯在研钵中充分研碎，加水混合，用四层纱布过滤，除去粗颗粒。滤液中的淀粉很快沉到底部，多次用水洗淀粉，配平后以 3000r/min 转速离心 2min。取少量沉淀于小烧杯中，用适量沸水稀释备用。

2. 淀粉与碘的反应

(1) 取 5mL 自制淀粉溶液，加 1 滴稀碘液，摇匀后观察颜色变化。

将管内液体在三个试管中进行下面实验。

(2) 取 1mL 淀粉-碘溶液，加 1 滴 10% NaOH 溶液，摇匀后观察颜色变化。

(3) 取 1mL 淀粉-碘溶液，加 4mL 95% 乙醇，摇匀后观察颜色变化。

(4) 取 1mL 淀粉-碘溶液，沸水浴加热，观察颜色是否褪去。冷却后，观察颜色是否恢复。

3. 淀粉的水解

在一个 100mL 烧杯内加入自制的浓度约 1% 的淀粉溶液 60mL 和 20% H_2SO_4 溶液 3mL，放在石棉网上小心加热，微沸后每隔 3min 取出反应液 2 滴置于白瓷板上做碘实验。与此同时另取反应液 3 滴，用 10% Na_2CO_3 溶液 2 滴中和后，做本尼迪特实验，观察结果并解释原因。

六、思考题

1. 淀粉多糖的结构特点是什么？

2. 什么是糊精？说明淀粉的水解过程。

实验三　果胶质的测定

一、目的要求

了解从橘皮中提取并测定果胶质的原理和方法。

二、实验原理

利用果胶酸钙不溶于水的特性,先使果胶质从样品中提取出来,再加 $CaCl_2$ 使之呈果胶酸钙沉淀,测定质量并换算成果胶质质量。公式为

$$w(果胶质) = \frac{0.9235 \times G_2}{G_1 \times 1/10} \times 100$$

式中,G_2 为滤渣质量(g);G_1 为样品质量(g);0.9235 为果胶酸钙换算成果胶质时的系数。

三、实验器材

橘子、纱布、分析滤纸、电子天平、离心机、烘干箱、电炉及石棉网、漏斗、烧杯(50mL、250mL)、量筒(100mL)、移液管。

四、实验试剂

0.1mol/L NaOH、1mol/L 醋酸、2mol/L $CaCl_2$、HCl、$AgNO_3$。

五、实验操作

1. 准确称橘皮 10g,切碎后置于 250mL 烧杯中,加入 80mL 水和 2 滴 HCl,于电炉上加热煮沸 30min(不时搅拌并加水补充蒸发损失)。冷却,以 4000r/min 转速离心 2min,上清液经四层纱布过滤置于量筒内,准确记录体积。

2. 取记录数值的 1/10 体积滤液移入 50mL 烧杯中,按顺序加下列试剂:

(1) 加入 0.1mol/L NaOH 10mL,混匀后放置 1min;

(2) 再加入 1mol/L 乙酸 5mL,混匀后放置 1min;

(3) 再加入 2mol/L $CaCl_2$ 5mL,混匀后放置 3min;

(4) 在电炉上加热煮沸 5min 后,立即用已知质量的滤纸过滤;

(5) 用热水洗涤滤纸,用 $AgNO_3$ 检查至无 Cl^-,烘干滤纸至恒量并称量。

3. 计算 100g 橘皮中果胶质的含量。

六、思考题

从橘皮中提取并测定果胶质的原理是什么?

实验四　肝糖原的提取、鉴定与定量

一、目的要求

1. 掌握肝糖原的提取、鉴定的原理和方法。
2. 熟悉蒽酮比色法定糖的原理和方法。

二、实验原理

肝糖原是糖在动物体内的重要储存形式之一。储存量虽不多,但在代谢中它是机体内糖的重要来源之一,它的合成或分解对血糖浓度的调节起着重要的作用。

糖原是高分子化合物,微溶于水,无还原性,与碘作用呈棕红色。糖原的提取是经研磨、三氯乙酸、乙醇处理获得。糖原的鉴定一部分作碘的颜色反应,一部分经酸水解成葡萄糖后用本尼迪特试剂检验。

蒽酮比色法是一种快速而简便的定糖方法。糖原经浓酸水解,脱水生成的糠醛及其衍生物与蒽酮反应生成蓝绿色复合物,在620nm处有最大吸收。蒽酮可与其他一些糖类发生反应,但显现的颜色不同。当样品中存在含有较多色氨酸的蛋白质时,反应不稳定,呈红色。本法多用于测定糖原含量,也可用于测定葡萄糖含量。

三、实验器材

小鼠或大鼠、饲料、研钵、电炉、离心机和离心管、滤纸、小试管和试管架、广泛pH试纸、电子分析天平、药勺、解剖台、手术剪刀、解剖刀、乳胶手套、镊子、吸管(1mL、2mL、5mL)、恒温水浴锅、分光光度计、比色皿。

四、实验试剂

1. 蒽酮试剂:取2g蒽酮溶于1000mL体积分数为80%的硫酸中,新鲜配制。

2. 标准葡萄糖溶液(0.1mg/mL):100mg葡萄糖溶于蒸馏水并稀释至1000mL(可滴加几滴甲苯作防腐剂)。

3. 标准糖原溶液(0.1mg/mL):100mg糖原溶于蒸馏水并稀释至1000mL

（可滴加几滴甲苯作防腐剂）。

4. 其他：洁净石英砂、10％三氯乙酸溶液、5％三氯乙酸溶液、95％乙醇、浓HCl、20％ NaOH 溶液、碘-碘化钾溶液、本尼迪特试剂。

五、实验操作

1. 肝糖原提取

（1）用断头法处死小鼠或大鼠，立即取出肝脏，迅速以滤纸吸去附着的血液。称取肝重，置研钵中，加石英砂少许及 10％三氯乙酸 2mL，研磨 5min。

（2）再加 5％三氯乙酸 4mL，继续研磨 1min，至肝脏组织已充分磨成糜状为止，然后以 2500r/min 转速离心 10min。

（3）小心将离心管上清液转入刻度试管，量取体积，加入同体积的 95％乙醇，混匀后，静置 10min，此时糖原成絮状沉淀析出。

（4）溶液以 2500r/min 转速离心 10min。弃去上清液，并将离心管倒置于滤纸上 1min。

（5）在沉淀内加入蒸馏水 2mL，用细玻璃棒搅拌沉淀至溶解，即成糖原溶液。

2. 鉴定

（1）取 2 支小试管，一支加糖原溶液 5 滴，另一支加蒸馏水 5 滴，然后在两管中各加碘液 1 滴，混匀、观察。

（2）取糖原溶液 10 滴，加浓 HCl 2 滴，放在沸水浴中加热 10min 以上。取出冷却，然后以 20％ NaOH 溶液中和至中性（pH 试纸试验）。向上述溶液内加入本尼迪特试剂 2mL，再置沸水浴中加热 5min，冷却、观察。

3. 定量

（1）制作标准曲线。取干净试管 6 支，按表 3-1 配置各管。

表　3-1

步骤　　　　　　　管号	0	1	2	3	4	5
标准葡萄糖溶液/mL	0	0.1	0.2	0.3	0.4	0.5
蒸馏水/mL	1.0	0.9	0.8	0.7	0.6	0.5
置冰水浴中 5 min						
蒽酮试剂/mL	4.0	4.0	4.0	4.0	4.0	4.0
沸水浴中准确煮沸 10min，取出，用自来水冷却，室温放置 10min，在 620nm 处比色						
A_{620nm}						

以吸光度为纵坐标,各标准液浓度(mg/mL)为横坐标作图得标准曲线。

（2）样品含糖量测定

吸取 1mL 糖原溶液置试管中,浸于冰水浴中冷却,再加入 4mL 蒽酮试剂,沸水浴中煮沸 10min,取出用自来水冷却后比色,其他条件与作标准曲线相同,测得的吸光度值由标准曲线查算出样品液的糖含量。

（3）计算：

$$w = (cV/m) \times 100\%$$

式中,w 为糖的质量分数(%);c 为从标准曲线上查出的糖质量浓度(mg/mL);V 为样品稀释后的体积(mL);m 为样品的质量(mg)。

六、思考题

1. 提取肝糖原时,在杀死实验动物前后必须注意哪些问题?
2. 三氯乙酸的主要作用是什么? 说明其原理。

实验五　脂类的提取和鉴定

一、目的要求

1. 掌握利用乙醇作为溶剂提取卵磷脂的原理和方法。
2. 掌握利用氯仿提取胆固醇的原理和方法。

二、实验原理

1. 卵磷脂在脑、神经组织、肝、肾上腺和红细胞中含量较多,在蛋黄中含量特别多。卵磷脂易溶于乙醇等脂溶剂,可利用这些脂溶剂提取。

新提取得到的卵磷脂为白色蜡状物,与空气接触后因所含不饱和脂肪酸被氧化而呈黄褐色。卵磷脂中的胆碱基在碱性溶液中可分解成三甲胺,其有特异的鱼腥味,可鉴别。

2. 胆固醇是重要的甾类化合物,在脑、神经组织、皮脂和胆石中含量十分丰富。胆固醇易溶于脂类溶剂,如丙酮、氯仿、石油醚等。主要有两种鉴别方法：

（1）沙考斯基(Salkowski)反应：胆固醇与浓 H_2SO_4 反应直接产生红色。

（2）李特曼-布哈特(Liebermann-Burchard)反应：向胆固醇的氯仿溶液中加入乙酸酐和浓 H_2SO_4,溶液依次出现红色、紫红色,最后变为蓝绿色。溶液颜色的变化与胆固醇存在的量有关。当胆固醇存在的量少时,立即出现绿色;当胆固醇存在的量多时,首先出现红色,最终变为深绿色。

这些反应的机制尚不清楚。可能涉及胆固醇在浓 H_2SO_4 存在下的脱水,脱水胆固醇聚合形成二胆固醇缩合物,后者与浓 H_2SO_4 反应形成有色化合物。

三、实验器材

鸡蛋黄或猪脑、石膏粉、电子天平、恒温水浴锅、离心机、干燥箱、研钵、小刀及玻璃板、烧杯(50mL)、三角瓶(50mL)、量筒、漏斗、蒸发皿、试管、玻璃棒、滤纸。

四、实验试剂

95％乙醇、10％ NaOH 溶液、氯仿、浓 H_2SO_4、乙酸酐。

五、实验操作

A. 卵磷脂的提取和鉴定

1. 提取

(1)用小烧杯称取蛋黄约 2g,缓慢加入 95％乙醇 15mL 后,洗于离心管内。

(2)沸水浴,用玻璃棒不断搅拌 10min。冷却后,以 4000r/min 转速离心 2min。

(3)上清液经滤纸反复过滤,至滤液透明为止。

(4)将滤液置于已知质量蒸发皿(m_1)内,蒸汽浴上蒸干称取质量(m_2)。

(5)残留物即为卵磷脂,计算 100g 蛋黄中卵磷脂的含量。

2. 鉴定

取卵磷脂少许,置于试管内,加 10％ NaOH 溶液约 20 滴,水浴加热,判断是否产生鱼腥味。

B. 胆固醇的提取和鉴定

1. 提取

(1)于称量纸上称取蛋黄约 2g、石膏粉 2g,放入研钵中一起研磨 20min 左右,直到研磨物被磨成糨糊状。

(2)将研磨后的蛋黄糨糊状物涂于玻璃板上使其成一薄层。把玻璃板放入 80～100℃的干燥箱中干燥。

(3)将干燥后的样品刮于一个 50mL 的三角瓶内,加入 10mL 氯仿,立即用称量纸盖住瓶口并振荡提取 15～20min。

(4)将提取物过滤到试管中,每管大约 2mL 滤液。

2. 鉴定

(1)沙考斯基反应

拿一支含 2mL 滤液的试管,使试管倾斜,沿试管壁慢慢加入大约 2mL 浓

H_2SO_4;这样在胆固醇溶液的下面形成硫酸层。不要混合两层溶液,在两液交界处将形成红色坏。轻轻旋转试管,界面上部也呈红色。

（2）李特曼-布哈特反应

拿一支含 2mL 滤液的试管,沿试管壁慢慢加入大约 10 滴乙酸酐和 2～3 滴浓 H_2SO_4,轻微混合,观察最初形成的淡紫红色不久就转变为蓝色,最终成为稳定的绿色。若胆固醇存在的量少,则只出现绿色。

六、思考题

1. 简述卵磷脂提取和鉴定的方法和原理。

2. 简述按照化学组成卵磷脂和胆固醇属于哪类脂质。脂质是如何分类的?

实验六　蛋白质及氨基酸的显色反应

一、目的要求

掌握几种常见的鉴定蛋白质及氨基酸的原理和方法。

二、实验原理

1. 双缩脲反应（biurea reaction）

当脲(即尿素)加热至 180℃时两分子脲缩合,放出一分子氨而形成双缩脲,然后在碱性溶液中与铜离子(Cu^{2+})结合生成复杂的紫红色化合物。

蛋白质或二肽以上的多肽分子中,含有多个与双缩脲结构相似的肽键,因此也有双缩脲反应。应当指出的是,含有一个—CS—NH_2、—CH_2—NH_2、—CRH—NH_2、—$CHOH$—CH_2NH_2、—CH_2—NH—$CHNH_2$—CH_2OH 等基团的物质,甚至过量的铵盐也会干扰本实验。

2. 茚三酮反应（ninhydrin reaction）

蛋白质、多肽和各种氨基酸具有茚三酮反应。除无 α-氨基的脯氨酸和羟脯氨酸呈黄色外,其他氨基酸生成紫红色,最终为蓝色化合物。该反应十分灵敏,1∶1 500 000 浓度的氨基酸水溶液即能反应,是一种常用的氨基酸定量测定方法。

3. 黄色反应（xanthoproteic reaction）

它是芳香族氨基酸,特别是有酪氨酸和色氨酸蛋白质所特有的呈色反应。苯丙氨酸和苯反应很困难。皮肤、指甲和毛发等遇浓硝酸变黄,是这一反应的结果。硝基苯衍生物呈黄色,在碱性溶液中,它进一步形成深橙色的硝醌酸钠。

4. 米伦反应(Millon reaction)

米伦试剂为硝酸、亚硝酸、硝酸汞、亚硝酸汞的混合物,能与单酚及双酚和吲哚衍生物产生颜色反应。单酚衍生物(如酪氨酸)与米伦试剂反应呈粉红色至暗红色。双酚和吲哚衍生物,如色氨酸与米伦试剂反应呈黄色至红色。这些反应最初产生的有色物质可能是酚的亚硝基衍生物,经互变异构后,成为颜色更深的邻醌,最终形成红色稳定产物。

5. 乙醛酸反应(hopkins-cole reaction)

含吲哚基氨基酸,如色氨酸,利用乙醛酸反应加以鉴定。含色氨酸蛋白质或色氨酸在浓硫酸中与乙醛酸反应形成红紫色物质,与一些醛类反应也形成有色物质。它们的结构和性质还不清楚,可能是醛与两分子色氨酸或其残基缩合,失水形成的靛蓝物质。NO_3^-、NO_2^-、ClO_3^- 以及过多的 Cl^- 干扰该反应。有微量 $CuSO_4$ 或 Fe^{3+} 存在时,可以加强色氨酸的阳性反应。

6. 坂口反应(Sakaguchi reaction)

含胍基的唯一氨基酸即精氨酸,利用坂口反应加以鉴定。精氨酸与 α-萘酚在碱性次溴酸钠(或次氯酸钠)溶液中发生反应,产生红色物质。该反应灵敏度高达 $1：2.5×10^5$。它受到胍乙酸、甲胍和胍基丁胺等干扰。

由于过量次溴酸钠缓慢氧化上述有色物质,α-氨基酸破裂,引起颜色消退,必须加入浓脲溶液,破坏过量的次溴酸钠,以增加呈色反应稳定性。

7. 亚硝基铁氰化钠反应

含巯基氨基酸,如半胱氨酸在碱性条件下,与亚硝基铁氰化钠反应形成红色物质。胱氨酸经 KCN 还原成半胱氨酸后,也呈阳性反应。

8. 重氮反应(diazo reaction)

含酚核和咪唑环氨基酸,如酪氨酸和组氨酸,利用重氮反应加以鉴定。重氮化合物与酚核和咪唑氨基酸或蛋白质结合产生有色物质。酪氨酸和组氨酸反应的产物分别呈橘黄和红色。它受到酪胺、组胺、肾上腺素和胆色素的干扰。

三、实验器材

恒温水浴锅、干燥箱、试管及试管架、滴管、滤纸、喷雾器、白瓷板、指甲刀、玻璃点样毛细管。

四、实验试剂

1. 蛋白质及氨基酸溶液:5％鸡卵清蛋白溶液,2％明胶溶液。

2. 3％氨基酸溶液:酪氨酸(Tyr)、色氨酸(Trp)、苯丙氨酸(Phe)、半胱氨酸(Cys)、精氨酸(Arg)、组氨酸(His)、脯氨酸(Pro)和谷氨酸(Glu)。

3. 米伦试剂：以 60mL 浓 HNO_3 溶解 40g 汞，55℃水浴上温热助溶。汞溶解后用 2 倍容量水稀释。待澄清后，取上清液使用。该试剂制备必须在通风橱中进行，防止吸入烟雾。

4. 0.1％茚三酮乙醇溶液：0.1g 茚三酮溶于 100mL 95％乙醇中，使用前配制。

5. 重氮试剂

试剂 A：将亚硝酸钠 0.5g 溶解于水中，定容至 100mL，用前新鲜配置。

试剂 B：将 p-氨基苯磺酸 0.5g 溶解于 0.5mL 浓盐酸中，然后用水定容至 100mL。需用时将试剂 A 和试剂 B 按 1：50 比例配合，混匀即可使用。

6. 其他：尿素、10％ NaOH、1％ $CuSO_4$、浓 HNO_3、0.5％苯酚溶液、20％ NaOH、浓 H_2SO_4、米伦试剂、0.1％茚三酮乙醇溶液、乙醛酸、次氯酸钠溶液、1％ $α$-萘酚乙醇溶液、5％亚硝基铁氰化钠溶液(有毒)。

五、实验操作

A. 双缩脲反应

1. 取尿素少许于干燥试管中，微火加热至氨气放出，冷却。

2. 向试管中加入 8 滴 10％ NaOH、2 滴 1％ $CuSO_4$，摇匀，观察颜色变化。

3. 另用试管分别取 2 种蛋白液 5 滴，重复上面实验。

B. 茚三酮反应

1. 取 2 种蛋白质溶液各 4 滴，再分别加入茚三酮溶液 2 滴，摇匀。

2. 沸水浴 3min，冷却，观察颜色变化。

3. 取滤纸一张，用铅笔画成 8 个方格。

4. 在每个方格中分别用毛细管滴加 8 种氨基酸溶液到方格中，风干。

5. 用 0.1％茚三酮溶液喷雾并观察对比颜色变化。

C. 黄 色 反 应

1. 取 2 种蛋白质溶液、8 种氨基酸溶液、0.5％苯酚溶液各 4 滴及头发和指甲少许分别放入不同试管中，再在每个试管中加入 2 滴浓 HNO_3 后摇匀。

2. 沸水浴 3min，观察颜色变化。

3. 再向各试管中加入 8 滴 10％ NaOH，沸水浴 3min 后观察颜色变化。

D. 米 伦 反 应

1. 取 0.5％苯酚溶液 5 滴放入试管中，再加入米伦试剂 2 滴后摇匀。

2. 沸水浴 3min，观察颜色变化并记录。

3. 另用 4 个试管分别取 2 种蛋白质溶液、色氨酸、酪氨酸各 5 滴，重复上面操作。

E. 乙醛酸反应

取 2 种蛋白质溶液、色氨酸、蒸馏水各 5 滴分别加入 4 个试管中,再加入 5 滴乙醛酸后摇匀。倾斜试管,沿管壁小心加浓 H_2SO_4 10 滴,观察记录。

F. 坂口反应

取 8 种氨基酸溶液各 5 滴分别加入 8 个试管中,再加入 1 滴 α-萘酚、3 滴 20% NaOH,5 滴 NaClO,放置片刻,观察记录。

G. 亚硝基铁氰化钠反应

在白瓷板上分别滴加 2 滴 8 种氨基酸溶液,再加入 10% NaOH 2 滴、5% 亚硝基铁氰化钠 3 滴后,用玻璃棒混匀观察记录。

H. 重氮反应

1. 取 2 种蛋白质、组氨酸、酪氨酸 4 滴分别加入 4 个试管中,再加入 8 滴重氮试剂。

2. 摇匀后再加入 10% NaOH 5 滴,摇匀 3min 后观察记录颜色变化。

【实验记录】

以“＋”和“－”分别表示阳性、阴性反应,标明颜色并以“＋”“＋＋”“＋＋＋”表示颜色深浅程度。

六、思考题

1. 如果蛋白质水解作用一直进行到双缩脲反应呈阴性,能对此作何结论?
2. 茚三酮反应呈阳性是否为同一色调? 若不是,为什么?

实验七　氨基酸的滤纸层析

一、目的要求

1. 熟悉滤纸层析法分离氨基酸的原理。
2. 掌握氨基酸滤纸层析的操作方法。

二、实验原理

滤纸层析是以滤纸作为惰性支持物的分配层析。滤纸纤维上羟基具有亲水性,因此吸附一层水作为固定相,而通常把有机溶剂作为流动相。有机溶剂自上而下流动称为下行层析,自下而上流动称为上行层析。流动相流经支持物时,与固定相之间连续抽提,使物质在两相间不断分配而得到分离。

溶质在滤纸上的移动速率用 R_f 值表示:

$$R_f \text{值} = \frac{\text{原点到层析斑点中心的距离}}{\text{原点到溶剂前缘的距离}}$$

溶质结构、溶剂系统物质组成与比例、pH、选用滤纸质地和温度等因素都会影响 R_f 值。此外,盐品种的盐分、其他杂质以及点样过多均会影响样品的有效分离。无色物质的纸层析图谱可用光谱法或显色法鉴定,本实验采用茚三酮为显色剂鉴定氨基酸。

三、实验器材

新华中速薄层析滤纸、层析缸、培养皿、恒温鼓风干燥箱、电吹风机、喷雾器、微量离心管及管架、玻璃点样毛细管、针、线、刻度尺、手套。

四、实验试剂

1. 0.5%已知氨基酸(赖氨酸、苯丙氨酸、脯氨酸、酪氨酸)。

2. 0.5%混合液氨基酸。

3. 展层剂为正丁醇:冰乙酸:水 = 4:1:3(体积比,新鲜配置),分液漏斗充分振荡,静置分层,取出上层棕色瓶保存。

4. 0.1%水合茚三酮正丁醇:0.1g 水合茚三酮加入 100mL 正丁醇中,棕色瓶保存。

五、实验操作

1. 滤纸的剪裁

把滤纸剪成 18cm×18cm 大小,在距滤纸一端 2cm 处画一基线,根据氨基酸样品的个数用刻度尺分割并用铅笔标记,下面标上样品名称。

2. 点样

用毛细玻璃管取氨基酸溶液 $30\sim40\mu L$,在与滤纸垂直方向轻轻碰点样处,点子的扩散直径不超过 0.5cm,点样过程中必须在第一点样品干后再点第二滴。为使样品加速干燥,可用电吹风机吹干,注意温度不宜过高,避免破坏氨基酸,影响定量结果。

将点好样品的滤纸两侧边缘对齐,用线缝好,揉成筒状。注意缝线处纸的两边不能接触,以免由于毛细管现象使溶剂沿两边移动特别快而造成溶剂前沿不齐,影响 R_f 值。

3. 展层

将圆筒状滤纸的原点端浸立在装有展层剂的培养皿中,注意滤纸不要与皿壁接触,皿周围放 1 个内盛平衡溶剂(成分同展层剂)的小烧杯,盖严缸盖进行展层,当前沿至滤纸上沿 1~2cm 时,取出滤纸,用铅笔描出前沿后,用吹风机将其吹干。

4. 显色

层析滤纸用 0.1% 水合茚三酮正丁醇显色剂均匀喷雾,待自然晾干,置于 65℃烘箱内烘 30min 后取出。

5. 鉴定

用铅笔轻轻描出显色斑点的形状,用直尺测量每一显色斑点中心与原点之间的距离和原点到溶剂前沿的距离,代入公式计算 R_f 值,根据斑点的颜色和位置,判断混合氨基酸成分。

【注意事项】

使用茚三酮显色法时,在整个层析操作中避免用手接触滤纸,因为手上有少量含氨物质在显色时也得出紫色斑点,污染层析结果。因此,在操作过程中应戴手套。

六、思考题

1. 要成功进行本实验需要注意哪些问题?

2. R_f 值的计算公式是什么?其影响因素有哪些?

实验八　蛋白质的沉淀、变性反应

一、目的要求

掌握蛋白质的沉淀反应、变性作用和凝固作用的原理及它们的相互关系。

二、实验原理

在水溶液中,蛋白质分子的表面由于存在水化层和双电层而成为稳定的胶质颗粒,所以蛋白质溶液和其他亲水胶体溶液相类似。但是,蛋白质胶体颗粒的稳定性是有条件的、相对的。

1. 可逆沉淀反应

在发生沉淀反应时,蛋白质虽已沉淀析出,但它的分子内部结构并未发生显著变化,基本上保持原有的性质,沉淀因素除去后,能再溶于原来的溶剂中。这种作用称为可逆沉淀反应,又叫做不变性沉淀反应。属于这一类的反应有盐析作用,在低温下,乙醇、丙酮对蛋白质的短时间作用以及利用等电点的沉淀等。

用大量中性盐使蛋白质从溶液中沉淀析出的过程称为蛋白质的盐析作用

(salting out)。蛋白质是亲水胶体,在高浓度的中性盐影响下,蛋白质分子被盐脱去水化层,同时蛋白质分子所带的电荷被中和,结果蛋白质的胶体稳定性遭受破坏而沉淀析出。析出的蛋白质仍保持其天然蛋白的性质。减低盐的浓度时,还能溶解。不同蛋白质盐析时所需盐浓度不同,逐渐增加中性盐(常用硫酸铵)的浓度,不同蛋白质就先后沉淀析出,这种方法称为蛋白质的分段盐析。目前在酶的生产和制备、科研工作和临床等工作中得到广泛应用。

2. 不可逆沉淀反应

在发生沉淀反应时,蛋白质分子的内部结构、空间构象遭到破坏,失去原来的天然性质,这时蛋白质已发生变性。这种变性蛋白质的沉淀不能再溶解于原来溶剂中的作用叫做不可逆沉淀反应。重金属盐、植物碱试剂、过酸、过碱、加热、震荡、超声波、有机溶剂等都能使蛋白质发生不可逆沉淀反应。

三、实验器材

试管及试管架,恒温水浴锅,滤纸,玻璃棒,烧杯,透析袋或玻璃纸,线绳。

四、实验试剂

1. 蛋白质溶液:取 5mL 鸡蛋清,用蒸馏水稀释至 100mL,搅拌均匀后用 4～8 层纱布过滤,新鲜配制。

2. 蛋白质氯化钠溶液:取 20mL 蛋清,加蒸馏水 200mL 和饱和氯化钠溶液 100mL,充分搅匀后,以纱布滤去不溶物(加入氯化钠的目的是溶解球蛋白)。

3. 硫酸铵粉末,饱和硫酸铵溶液,3％硝酸银,0.5％乙酸铅,10％三氯乙酸,浓盐酸,浓硫酸,浓硝酸,5％磺基水杨酸,0.1％硫酸铜,饱和硫酸铜溶液,0.1％乙酸,10％乙酸,饱和氯化钠溶液,10％氢氧化钠溶液,5％鞣酸。

五、实验操作

A. 盐析作用

取 1 只试管加入 3mL 蛋白质氯化钠溶液和 3mL 饱和硫酸铵溶液,混匀,静置,球蛋白则沉淀析出,过滤后向滤液中加入硫酸铵粉末,边加边用玻璃棒搅拌,直至粉末不再溶解,达到饱和为止。析出的沉淀为清蛋白。静置,取上部清液,清蛋白沉淀,取出部分加水稀释,观察它是否溶解,留存部分做透析用。

B. 乙醇沉淀

取 1 只试管加入 1mL 蛋白质氯化钠溶液,再加入 95％乙醇 2mL,混匀,观察有无沉淀析出。再加少许 10％ NaOH,观察沉淀是否溶解。

C. 重金属盐沉淀

重金属盐类沉淀蛋白质的反应通常很完全,特别是在碱金属存在时。因此,生化分析中,常用重金属盐除去体液中的蛋白质;临床上用蛋白质解除重金属盐的食物性中毒。但应注意,使用乙酸铅或硫酸铜沉淀蛋白质时,试剂不可加过量,否则可使沉淀出的蛋白质重新溶解。

取 3 支试管,各加入约 1mL 蛋白质溶液,分别加入 3%硝酸银、0.5%乙酸铅和 1%硫酸铜 3 滴,观察沉淀的生成。然后向第三支试管加入过量的饱和硫酸铜溶液,观察沉淀是否溶解。

D. 有机酸沉淀

取 2 支试管,各加入蛋白质溶液约 0.5mL,然后分别滴加 10%三氯乙酸和 5%磺基水杨酸溶液 5 滴,观察蛋白质的沉淀。再向沉淀中加水,观察沉淀是否溶解。

E. 无机酸沉淀

取 3 支试管,分别加入浓盐酸 15 滴,浓硫酸、浓硝酸 10 滴。小心地向 3 只试管中沿管壁加入蛋白质溶液 6 滴,不要摇动,观察各管内两液界面处有白色环状蛋白质沉淀出现。然后,摇动每个试管。蛋白质沉淀应在过量的盐酸或硫酸中溶解。在含硝酸的试管中,虽经振荡,蛋白质沉淀也不溶解。

F. 加热沉淀

几乎所有的蛋白质都因为加热变性而凝固,变成不可逆的不溶状态。盐类和氢离子浓度对蛋白质加热凝固有重要影响。少量盐类促进蛋白质加热凝固。当蛋白质处于等电点时,加热凝固最完全、最迅速。在酸性或碱性溶液中,蛋白质分子带有正电荷或负电荷,虽加热蛋白质也不会凝固。若同时有足量的中性盐存在,则蛋白质可因加热而凝固。

取 5 支试管,编号,按表 3-2 加入有关试剂。

表　3-2　　　　　　　　　　　　　　　　　　　　　　　　　　　　　　　　　　滴

编号	蛋白质溶液	0.1%乙酸	10%乙酸	饱和 NaCl	10%NaOH	蒸馏水
1	10					7
2	10	5				2
3	10		5			2
4	10		5	2		
5	10				2	5

将各管混匀,观察记录各管现象后,放入沸水浴中加热 10min,注意观察比

较各管的沉淀情况。然后将第 3、4、5 号管分别用 10% NaOH 或 10%乙酸中和,观察并解释实验结果。将 3、4、5 号管继续分别加入过量的酸或碱,观察并解释实验结果。

G. 生物碱试剂沉淀

取 1 只试管加入 10 滴蛋白质溶液,再加入 2 滴 0.1%乙酸和 5 滴 5%鞣酸,混匀,观察有无沉淀析出。

H. 透　　析

把硫酸铵盐析所得的清蛋白沉淀倒入透析袋内,用线绳将透析袋口扎紧,并扎在玻璃棒上,使透析袋浸入盛有蒸馏水的烧杯中进行透析,经常用玻璃棒搅动蒸馏水。每隔 10min 左右换一次水,细心观察透析现象。

将用硝酸银沉淀所得到的蛋白质沉淀倒入透析袋内,如前法进行透析。

透析 30min 左右,比较以上两个透析袋内外的变化。

六、思考题

1. 鸡蛋清为什么可用作铅中毒或汞中毒的解毒剂?

2. 蛋白质分子中的哪些基团可以与重金属离子作用而使蛋白质沉淀?哪些基团可以与有机酸、无机酸作用而使蛋白质沉淀?

实验九　酪蛋白等电点的测定和制备

一、目的要求

1. 掌握测定蛋白质等电点的基本方法。

2. 学习从牛乳中制备酪蛋白的原理和方法。

二、实验原理

蛋白质是由氨基酸组成的高分子化合物。虽然大多数的 α-氨基和 α-羧基成肽键结合,但总有一定数目的自由氨基、羧基存在。此外,还有侧链上的羧基、氨基、胍基、咪唑基等。因此,蛋白质和氨基酸一样是两性的,调节蛋白质溶液的 pH 值可使蛋白质带正电、带负电或不带电。在某一 pH 时,蛋白质分子中所带的正电荷或负电荷数相同,净电荷为零,在外加电场中它既不向负极也不向正极移动,这时溶液的 pH 称为该蛋白质的等电点。在等电点的 pH 条件下,蛋白质的溶解度最小。不同的蛋白质,因氨基酸组成不同而有不同的等电点。大多数蛋白质的等电点接近中性 pH,也有特殊,如鱼精蛋白,由于分子中含有 66%的精氨酸,它的等电点在 pH 10.5~12。

牛乳中含有的主要蛋白质是酪蛋白,含量约为 35g/L,酪蛋白是一些含磷蛋白质的混合物。利用等电点时溶解度最低原理,将牛乳中 pH 调至等电点时,酪蛋白就沉淀出来,用乙醇沉降沉淀物,除去脂类杂质后,可得纯酪蛋白。

三、实验器材

牛乳、试管及试管架、胶头滴管、吸量管(1mL,2mL,5mL)、精密 pH 计或 pH 试纸(pH 3.8~5.4,pH 5~9)、量筒、离心机及离心管、恒温水浴锅、恒温干燥箱、电子天平、表面皿。

四、实验试剂

1. 酪蛋白-乙酸钠溶液:将 0.25g 酪蛋白先用少量 1mol/L 的 NaOH 溶解,再加约 10mL 水温热使其完全溶解后加入 5mL 1mol/L 的乙酸,混合后转入 50mL 的容量瓶内,加水到刻度,混匀备用(pH 8~8.5)。

2. 1mol/L 的乙酸溶液:1mL 冰乙酸加水到 17mL。稀释后配置 0.1mol/L 的乙酸溶液和 0.01mol/L 的乙酸溶液。

3. 乙酸缓冲液。

4. 95％乙醇。

5. 乙醚。

五、实验操作

A. 酪蛋白等电点的测定

1. 把 4 支干燥的试管分别编号为 1~4。

2. 按表 3-3 向每管中加入试剂。注意,每种试剂加完后,要振荡试管。

表 3-3

	试管编号			
	1	2	3	4
水/mL	3.2	3.0	3.5	1.5
1mol/L 乙酸/mL	0.8	0	0	0
0.1mol/L 乙酸/mL	0	1.0	0.5	0
0.01mol/L 乙酸/mL	0	0	0	2.5
酪蛋白-乙酸钠溶液/mL	1.0	1.0	1.0	1.0
溶液最终的 pH	3.8	4.7	5.0	5.3
沉淀多少				

3. 试剂全部加完后,静置 20min。

4. 观察每管内溶液的混浊度,用"+"、"−"表示沉淀的多少。

5. 判断酪蛋白的 pI 是多少。

B. 酪蛋白的制备

1. 将 25mL 牛奶加热到 40℃,在搅拌下慢慢加入预热 40℃ 的乙酸缓冲液 25mL,用精密试纸调 pH 至上步判断的等电点值;

2. 冷至室温,3000r/min 离心 10min,弃去上清液,得酪蛋白粗制品;

3. 沉淀中加入 50mL 蒸馏水,3000r/min 离心 10min,弃去上清液;

4. 沉淀中加入 20mL 95％ 乙醇搅拌 2min,3000r/min 离心 5min;

5. 40mL 乙醇-乙醚混合液洗涤沉淀,搅拌 2min,3000r/min 离心 5min;

6. 乙醚 20mL 洗涤沉淀,搅拌 2min,3000r/min 离心 5min;

7. 将沉淀置于表面皿上,风干,得精制酪蛋白;

8. 称重,计算得率、含量。

含量:酪蛋白 g/100mL 牛乳

得率:测得含量/理论含量×100％

六、思考题

1. 何为蛋白质的等电点? 在等电点时蛋白质的溶解度最低,为什么?

2. 本实验中,根据蛋白质的什么性质测定其等电点?

实验十　紫外吸收法测定蛋白质含量

一、目的要求

1. 了解紫外吸收法测定蛋白质含量的原理。

2. 制备标准曲线,测定未知样品中的蛋白质含量。

二、实验原理

酪氨酸和色氨酸等芳香族氨基酸是组成蛋白质的常见氨基酸,它们分子中的苯环含有共轭双键,因此蛋白质具有吸收紫外光的性质,且在 280nm 波长处有最大吸收峰。根据朗伯-比尔定律,在一定波长下,一定浓度的某种溶液的浓度与其光吸收值(A_{280})成正比关系,紫外吸收法可用于蛋白质的定量测定。

利用紫外吸收法测定蛋白质含量的优点是迅速、简便、不消耗样品,低浓度盐类不干扰测定,因此,在蛋白质和酶的生化制备中(特别是在柱层析分离中)得到广泛应用。

紫外吸收法测定蛋白质含量的缺点是：①对于测定那些与标准蛋白质中酪氨酸和色氨酸含量差异较大的蛋白质,有一定的误差；②若样品中含有嘌呤、嘧啶等吸收紫外线的物质,会出现较大的干扰。

三、实验器材

试管及试管架、吸量管、分光光度计、石英比色皿。

四、实验试剂

1. 标准蛋白溶液：1mg/mL 牛血清白蛋白(BSA)溶液。
2. 待测蛋白溶液。

五、实验操作

1. 标准曲线的绘制

按表 3-4 分别向每支试管加入各种试剂,摇匀。选用光程为 1cm 的石英比色杯,在 280nm 波长处分别测定各管溶液的 A_{280} 值。以 A_{280} 值为纵坐标,蛋白质浓度为横坐标,绘制标准曲线。

表 3-4

	管 号							
	1	2	3	4	5	6	7	8
标准蛋白溶液/mL	0	0.5	1.0	1.5	2.0	2.5	3.0	4.0
蒸馏水/mL	4.0	3.5	3.0	2.5	2.0	1.5	1.0	0
蛋白质浓度/(mg/mL)								
A_{280}								

2. 样品测定

取待测蛋白溶液 1mL,加入蒸馏水 3mL,按上述方法在 280nm 波长处测定光吸收值,并从标准曲线上查出待测蛋白质的浓度。

六、思考题

1. 紫外线吸收法测定蛋白质含量的原理是什么？
2. 通常测定蛋白质含量的方法有哪些？比较其优缺点。

实验十一　葡聚糖凝胶层析分离蛋白质

一、目的要求

1. 掌握葡聚糖凝胶层析分离蛋白质的方法。
2. 了解自动核酸蛋白纯化系统的工作原理和使用。

二、实验原理

凝胶层析法(gel chromatography)，也称凝胶过滤法(gel filtration)、分子筛层析法(molecular sieve chromatography)、排阻层析法(exclusion chromatography)，是利用凝胶分离分子大小不同蛋白质的一种方法。其优点是层析所用的凝胶属于惰性载体，不带电荷，吸附力弱，操作条件温和，分离温度范围广，不需要有机溶剂，可较好地保持分离蛋白质的理化性质。

凝胶本身是一种分子筛，它可以把分子按大小不同进行分离，好像过筛可以把大颗粒与小颗粒分开一样，但这种"过筛"与普通的过筛不一样。将凝胶颗粒在适宜的溶剂中浸泡，使其充分吸液膨胀，然后装入层析柱中，加入欲分离的蛋白质混合物后，再以同一溶剂洗脱；在洗脱过层中，大分子不能进入凝胶内部(阻滞作用小)而沿凝胶颗粒间隙最先流出柱外，而小分子可以进入凝胶内部(阻滞作用大)，流程长，流速缓慢，最后流出柱外，从而使样品中分子大小不同的蛋白质得到分离。

凝胶是由胶体溶液凝结而成的固体物质，不论是天然凝胶还是人工凝胶，它们的内部都具有很微细的多孔网状结构。凝胶层析法常用的天然凝胶是琼脂糖凝胶(agorosegel，商品名 Sepharose)，人工合成的凝胶是聚丙烯酰胺凝胶(商品名为 Bio-gel-P)和葡聚糖(dextran)凝胶，后者的商品名称为 Sephadex，它是具有不同孔隙度的立体网状结构的凝胶。

Sephadex 的主要型号是 G-10～G-200，后面的数字是凝胶的吸水率(单位是 mL/g 干胶) 乘以 10。如 Sephadex G-50，表示吸水率是 5mL/g 干胶。Sephadex 的亲水性很好，在水中极易膨胀，不同型号的 Sephadex 的吸水率不同，它们的孔穴大小和分离范围也不同。数字越大的，排阻极限越大，分离范围也越大。Sephadex 中排阻极限最大的 G-200 为 $8×10$。

本实验将牛血清白蛋白(M_r 67 000)与溶菌酶(M_r 13 930)混合，通过交联葡聚糖凝胶 G-75 层析床，以 0.05 M Tris-HCl 缓冲液为溶剂，达到分离目的，利用自动核酸蛋白纯化系统检测结果。

三、实验器材

自动核酸蛋白纯化系统、层析柱（60cm×1.5mL）、锥形瓶、烧杯（500mL 和 10mL）、吸量管（1mL）、搅拌棒、滴管、滤纸。

四、实验试剂

1. 葡聚糖凝胶 G-75。

2. 洗脱液：0.05 M Tris-HCl（pH 7.5）：称取 Tris 12.12g，KCl 15g，先用少量蒸馏水将其溶解，再加入 6.67mL 浓盐酸，定容至 2000mL。

3. 5.0mg 牛血清白蛋白（BSA）。

4. 5.0mg 溶菌酶。

五、实验操作

1. 葡聚糖凝胶 G-75 的制备

取葡聚糖凝胶 G-75 适量悬浮于 0.05 M Tris-HCL 缓冲液中，充分搅拌后，沸水浴中 1h 或室温下 5h 溶胀，倾出漂浮的细颗粒，再放少量缓冲溶液，轻轻搅拌，至无漂浮颗粒为止，即可准备装柱。

2. 装柱

柱的大小为 60cm×1.5cm，将柱垂直放于铁架上，先加入少量洗脱液，将气泡赶净然后将柱出口关闭。将浓浆状的凝胶一次倾入柱中，同时打开柱出口使之自然沉降，沉降稳定后，加入 2 倍柱床体积的洗脱液平衡，然后在柱床表面放一片滤纸，以防加样时凝胶被冲起。要注意在任何时候都不要使液面低于凝胶表面，否则凝胶变干混入气泡，会影响分离效果。

3. 样品的制备

分别称取牛血清白蛋白、溶菌酶各 5.0mg 共溶于 1mL 洗脱液中，充分溶解后，准备加样。

（1）加样

打开柱的出口，待洗脱液面距凝胶表面 1～2mm 时关闭出口，用滴管将上述样品缓缓地沿层析柱内壁小心加于床表面，注意不要使床面摇动，然后打开出口。当样品全部渗入柱床后关闭出口，同样小心地向柱床表面加入少量洗脱液，再打开出口。随后再次加入洗脱液，高出床表面 3～5cm。

（2）洗脱

用 0.05 M Tris-HCL 缓冲液连续洗脱，流速为 20 滴/min，用 280nm 紫外光检测，观察到出现两个峰及基线平稳后，关机。

六、思考题

1. 凝胶层析法分离蛋白质的原理是什么？
2. 列举两种其他的分离蛋白质的层析方法及其工作原理。

实验十二　蛋白质的 SDS-聚丙烯酰胺凝胶电泳

一、目的要求

1. 掌握蛋白质的 SDS-聚丙烯酰胺凝胶电泳的基本原理。
2. 学习蛋白质的 SDS-聚丙烯酰胺凝胶电泳的操作技术。

二、实验原理

聚丙烯酰胺凝胶电泳(polyacrylamide gel electrophoresis,PAGE)是在区带电泳原理的基础上,以孔径大小不同的聚丙烯酰胺凝胶作为支持物,采用电泳基质的不连续体系(即凝胶层的不连续体系、缓冲液离子成分的不连续体系、pH的不连续体系及电位梯度的不连续体系),使样品在不连续的两相间积聚浓缩成薄的起始区带(厚度 1~2mm),然后再进行电泳分离。

聚丙烯酰胺凝胶电泳使样品分离效果好,分辨率高。例如人血清用醋酸纤维素薄膜电泳(pH 8.6)可以分成 5~7 个成分,而用聚丙烯酰胺凝胶电泳则可分成 20~30 个条带清晰的成分。其电泳过程中有三种物理效应:样品的浓缩效应,凝胶的分子筛效应,一般电泳的电荷效应。

下面就聚丙烯酰胺凝胶电泳说明这三种物理效应的原理。

1. 样品的浓缩效应:由于电泳基质的 4 个不连续性,使样品在电泳开始时,得以浓缩,然后再被分离。

(1) 凝胶层的不连续性:两层不同的凝胶,其作用如下。

浓缩胶:为大孔胶,样品在其中浓缩,并按其迁移率递减的顺序逐渐在其与分离胶的界面积聚成薄层。

分离胶:为小孔胶,样品在其中进行电泳和分子筛分离。

(2) 缓冲液离子成分和电位梯度的不连续性

在浓缩胶中选择 pH 6.7,电泳槽缓冲液 pH 为 8.3,HCl 几乎全部释放出 Cl^-,甘氨酸(等电点在 6.0;羧基解离 $pK_{a_1}=2.34$,氨基-NH_3^+ 解离 $pK_{a_2}=9.7$)在此条件下有极少部分的分子(1%～0.1%)解离成为甘氨酸负离子 $NH_2CH_2COO^-$ 在 pH6.7 下,大部分蛋白质都以负离子形式存在(大多数蛋白质的等电点接近于 pH5.0)。这三种离子都带有相同电荷,当电泳系统通过一定电流后三种离子同时向正极移动,而且它们的有效泳动率按以下次序排列(有效泳动率＝泳动率 m ×解离度 d)：$m_{Cl}d_{Cl} > m_{蛋}d_{蛋} > m_{甘}d_{甘}$。

根据有效泳动率的大小,将最快的称为快离子,最慢的称为慢离子。电泳刚开始时,两种凝胶都含有快离子,只有电泳槽中含慢离子,电泳开始后,由于快离子的泳动率最大,就会很快超过蛋白质,因此,在快离子的后面形成一离子浓度低的区域即低电导区。电导与电压梯度是成反比的:

$$E(电压梯度) = I(电流强度) / \eta(电导率)$$

所以低电导区就有了较高的电压梯度。这种高电压梯度使蛋白质和慢离子在快离子后面加速运动。当电压梯度和泳动率乘积彼此相等时,则三种离子移动速度相同。在快离子和慢离子移动速度相等的稳定状态建立之后,则在快离子和慢离子之间形成一稳定而又不断向阳极移动的界面。由于样品蛋白质的有效泳动率恰好介于快慢离子之间,因此也就聚集在这个移动界面附近,被浓缩成一个狭小的中间层。

(3) pH 的不连续性:浓缩胶与分离胶之间 pH 的不连续性是为了控制慢离子的解离度,从而控制其有效迁移率。要求在浓缩胶中,慢离子较所有分离样品的有效迁移率低,以样品夹在快、慢离子界面之间,使样品浓缩。而在分离胶中慢离子的有效迁移率比所有样品的有效迁移率高,使样品不再受离子界面的影响。

2. 分子筛效应:分子量或分子大小和形状不同的蛋白质通过一定孔径的分离胶时,受阻滞的程度不同,因此表现出不同的迁移率,即所谓分子筛效应。即使净电荷相似,也就是说自由迁移率相同的蛋白质分子,也会由于分子筛效应在分离胶中被分开。此处分子筛效应是指样品通过一定孔径的凝胶时,小分子走在前面,大分子走在后面。而在柱层析方法中的分子筛作用,则是分子通过凝胶颗粒之间的缝隙先流出,而小分子则通过凝胶颗粒内的孔道后流出。

3. 电荷效应:蛋白质混合物在凝胶界面处被高度浓缩,堆积成层,形成一狭小的高浓度的蛋白区,但由于每种蛋白质分子所载有效电荷不同,因而迁移率不同。承载有效电荷多的,泳动的快,反之则慢。因此各种蛋白质就以一定的顺序排列成一个个的条带。在进入分离胶中时,此电荷效应仍起作用。

三、实验器材

电泳槽一套、电泳仪、微型离心机、水平摇床、微量注射器、1.5mL 离心管、烧杯、吸耳球、染色缸、纱布块、乳头滴管、滤纸条、滤纸块。

四、实验试剂

1. 30％Acr/Bis(丙烯酰胺储存液)：单丙烯酰胺(Acr)29.0g，N，N′-亚甲双丙烯酰胺(Bis)1.0g，加水至100mL混合后经过滤在棕色瓶中保存。

2. 分离胶缓冲液(pH 8.8)。

3. 浓缩胶缓冲液(pH 6.8)。

4. 10％ SDS(sodium dodecyl sulfate，十二烷基硫酸钠)

5. 10％ AP(过硫酸铵)

6. TEMED(N，N，N′，N′-四甲基乙二胺)

7. 5×电极缓冲液(pH 8.3)：Tris 15.1g，甘氨酸94g，SDS 5.0g，加水至1000mL。

8. 染色液：0.25g考马斯亮蓝，454mL 50％甲醇水溶液，46mL冰乙酸。

9. 脱色液：225mL冰乙酸，150mL甲醇，2625mL蒸馏水。

10. 5×上样缓冲液：Tris-HCl(pH6.8)250mmol/L，SDS 10％，溴酚蓝0.5％，甘油50％，巯基乙醇5％。

11. 分离蛋白样品：0.2mg/mL、1mg/mL、5mg/mL BSA溶液和1mg/mL自制酪蛋白(来自本章实验九)。

12. 标准蛋白样品(protein molecular weight marker)：已知蛋白质分子量范围包括14.4KD、18.4KD、25.0KD、35.0KD、45.0KD、66.2KD、116.0KD。

五、实验操作

1. 组装胶板
2. 配置分离胶

ddH$_2$O	1.6mL
30％ Acr/Bis	3.2mL
分离胶缓冲液(pH 8.8)	3.0mL
10％ SDS	0.08mL
10％ AP	0.12mL
TEMED	0.008mL

在小烧杯中混匀后，立即轻轻沿着凹型上缘到入两层玻璃间大约2/3高度。用滴管在凝胶上层轻轻住入一层蒸馏水，在室温下聚合需20～40min。凝胶形成后，在水层与凝胶层间便可见到一层清晰的界面，然后用滤纸条将水层吸尽，此时分离胶已制成。

3. 配制浓缩胶

ddH$_2$O	2.1mL
30% Acr/Bis	0.5mL
浓缩胶缓冲液(pH 6.8)	0.38mL
10% SDS	0.03mL
10% AP	0.04mL
TEMED	0.004mL

在小烧杯中混匀后,倒入分离胶上层,轻轻插入梳子,注意梳子与胶面不要留有气泡。在室温下聚合需 20～40min。聚合后取出梳子,注意扶正梳齿。

4. 配制蛋白样品：在 1.5mL 离心管内把分离蛋白样品和上样缓冲液混匀,煮沸 5min,瞬时离心。

5. 注入电泳缓冲液：将电泳缓冲液分别注入电泳槽正负极两侧,注意液面处于高低板之间。

6. 点样：小心将微量注射器插入点样凹槽,样品孔轻轻推入分离蛋白样品 10μL,Marker 孔推入 4μL 标准蛋白样品。注意防止注射器内进入气泡,点样后将注射器用蒸馏水充分洗净。

7. 电泳：连接电线,打开电源,调整电泳仪电压以 80～100V 开始,待样品进入分离胶时加大电压至 120～150V。当溴酚蓝指示剂到达凝胶板前缘时,即停止电泳,总时间 1～2h。

8. 染色：电泳结束后,轻轻撬开两块玻璃板,将凝胶剥离后放入事先水浴加热至 90～95℃的染色液,染色 15min。

9. 脱色：染色后的凝胶放入脱色液中浸泡,中间可以更换脱色液,直至可以看到蛋白质条带。注意手不要碰胶片,以防污染胶片。

10. 拍照和保存：凝胶拍照,滤纸吸湿,装入封口带保存。

六、思考题

1. SDS-聚丙烯酰胺凝胶电泳分离蛋白质的原理是什么？

2. 蛋白质的 SDS-聚丙烯酰胺凝胶电泳的注意事项是什么？

实验十三　动物 DNA 的提取及含量测定

一、目的要求

1. 学习从新鲜动物组织中分离 DNA 的方法。

2. 用紫外分光光度法测定 DNA 的含量。

二、实验原理

用适当的方法将细胞破碎,使 DNA 处于易被提取的状态,从脂类、蛋白质等物质中将 DNA 分离出来,并去除 RNA。DNA 碱基中含有共轭双键对紫外光有强烈的吸收。用波长 260nm 的紫外光,与标准的 DNA 比色测定,即可求出样品中 DNA 的含量。

三、实验器材

离心机、离心管、恒温水浴箱、天平、剪刀、镊子、玻璃均浆器或乳钵、吸量管、试管、恒温水浴锅、分光光度计、石英比色皿。

四、实验试剂

1. 动物肝脏

2. 10%三氯乙酸

3. 5%高氯酸:取 70%的高氯酸 7.1mL 加水至 100mL。

4. 无水乙醇

5. 0.3mol/L KOH:取 KOH 1.68g 溶至 100mL 水中。

6. 6mol/L HCl

7. 100μg/mL DNA 标准液

五、实验操作

1. 组织研磨和酸溶性杂质的去除

取肝脏 0.5g,剪碎后置于乳钵中,加蒸馏水 2.5mL,研磨成均浆。再加入 10%的三氯乙酸 2.5mL 搅匀并移至离心管内。3000r/min 离心 5min,弃去上清液。

2. 脂类的去除

沉淀物加蒸馏水 0.5mL 搅成糊状,缓慢加入无水乙醇 5mL 使成均匀悬浊液,3000r/min 离心 5min,弃去上清液。

3. RNA 的去除

向沉淀物中加入 0.3mol/L KOH 5mL 搅匀,42℃水浴中保温 30min。此时 RNA 水解成核苷酸。水解后加 6mol/L HCl 0.8mL 充分搅拌,冷却时沉淀完全。3000r/min 离心 5min,上清液为已水解为核苷酸的 RNA 部分,沉淀中含有 DNA。

4. DNA 的分离

向 DNA 沉淀物中加入 5％高氯酸 10mL,沸水浴中保温 15min。3000r/min 离心 10min,取上清液用蒸馏水定溶至 10mL,此即为 0.5g 新鲜肝组织中降解的 DNA 部分。取 DNA 溶液 1mL 用蒸馏水稀释至 10mL 备用。

5. 取试管 3 支按表 3-5 操作,混匀后用 260nm 单色光比色测定 A 值。

表　3-5
                  mL

试　　剂	管　　号		
	1	2	3
蒸馏水	4.0		3.0
样品		4.0	
DNA 标准液			1.0

6. 计算

$$100g \text{ 样品中 DNA 含量}(mg/100g)$$
$$= (A_测/A_标) \times 0.1 \times (10/4) \times 10 \times (100/0.5)$$

六、思考题

1. DNA 含量测定的实验原理是什么?
2. 在定量分析实验中,特别要注意哪些操作步骤?

实验十四　酵母 RNA 的提取和鉴定

一、目的要求

掌握稀碱法提取酵母 RNA 的原理和方法。

二、实验原理

酵母核酸中 RNA 含量较多,DNA 则少于 2％。RNA 可溶于碱性溶液,当碱被中和后,可加乙醇使其沉淀,由此即可得到粗 RNA 制品。

用碱液提取的 RNA 有不同程度的降解。

三、实验器材

酵母、恒温水浴锅、电子天平、离心机、pH 试纸、滤纸、烧杯、量筒、漏斗。

四、实验试剂

0.2％ NaOH 溶液、冰乙酸、95％乙醇、无水乙醚、10％ H_2SO_4 溶液、氨水、

5% $AgNO_3$ 溶液、浓 HNO_3、钼酸铵溶液、苔黑酚-三氯化铁溶液。

五、实验操作

1. RNA 的提取

（1）称取 4g 酵母粉于 100mL 烧杯中，加入 0.2% NaOH 溶液 40mL，沸水加热 30min，经常搅拌。

（2）冷却后，加入乙酸数滴，使提取液呈酸性（pH 5～6），离心 15min（4000r/min）。

（3）取上清液，加入 2 倍体积的 95% 乙醇，搅拌 2min，离心 10min（4000r/min）。

（4）弃上清液，沉淀内加入 10mL 95% 乙醇，搅拌 2min，离心 5min（4000r/min）。

（5）弃上清液，沉淀内加入 10mL 95% 无水乙醚，搅拌 2min，离心 5min（4000r/min）。

（6）弃上清液，待乙醚滤干后，滤渣即为粗 RNA。

2. RNA 的鉴定

向提取到的 RNA 中加入 10% H_2SO_4 液 6mL，加热至沸 2min，将 RNA 水解。

（1）取水解液 0.5mL，加苔黑酚-三氯化铁溶液 1mL，加热至沸 1min，观察颜色变化。

（2）取水解液 2mL，加氨水 2mL 及 5% $AgNO_3$ 溶液 1mL，观察是否产生絮状的嘌呤银化合物（有时絮状物出现较慢，可放置十多分钟）。

（3）磷酸的鉴定：取水解液 2mL，加入 5 滴浓 HNO_3 和 1mL 钼酸铵溶液，沸水浴加热 3min，可见黄色的磷钼酸铵沉淀生成。

六、思考题

说明用稀碱法提取酵母 RNA 的原理及 RNA 的鉴定方法。

实验十五　酶的专一性及影响酶促反应速度的因素

一、目的要求

掌握酶的有关性质，如酶的专一性、温度、pH、激活剂和抑制剂对酶促反应速度的影响。

二、实验原理

淀粉酶能催化淀粉水解生成还原性糖，使本尼迪特试剂中二价铜离子还原成一价亚铜离子,加热后与空气中的氧作用,生成砖红色的氧化亚铜。淀粉酶不能催化蔗糖水解为具有还原性的葡萄糖和果糖,而蔗糖本身又无还原性,故不与本尼迪特试剂产生颜色反应。

唾液淀粉酶可催化淀粉逐步水解,生成分子大小不同的糊精,最后水解成葡萄糖。淀粉及糊精遇碘各呈不同的颜色反应。直链淀粉遇碘呈蓝色,糊精按分子的大小遇碘可呈蓝色、紫色、暗褐色和红色,麦芽糖和葡萄糖遇碘不显色。根据颜色反应,可了解淀粉被水解的程度。

由于在不同的温度、pH 条件下,唾液淀粉酶的活性高低不同,所以淀粉被水解的程度也不同。此外,激活剂能提高酶的活性,抑制剂能降低酶的活性,也能影响淀粉被水解的程度。因此可通过与碘产生的颜色反应判断淀粉被水解的程度,了解温度、pH、激活剂和抑制剂对酶促作用的影响。

三、实验器材

精密 pH 计、试管、试管架、恒温水浴锅、冰浴、滤纸、纱布、烧杯。

四、实验试剂

稀释唾液、1%淀粉、0.3%氯化钠的 1%淀粉溶液(新鲜配制)、1%蔗糖、1% NaCl、1% $CuSO_4$、1% Na_2SO_4、本尼迪特试剂,以及 pH 5.0、pH 6.8 和 pH 8.0 的 Na_2HPO_4 缓冲液、稀碘液。

五、实验操作

A. 酶的专一性

1. 稀释唾液的制备:用水漱口除去食物残渣,再含大约 30mL 蒸馏水作咀嚼运动,2min 后吐入烧杯中,再用滤纸过滤后待用(不同的人或同一个人不同时间所收集的唾液中淀粉酶的活性均不一样,应事先确定稀释倍数)。

2. 煮沸唾液的制备:取出部分稀释唾液,放入沸水浴中煮沸 5min。

3. 取试管 3 支,按表 3-6 操作。

表　3-6　　　　　　　　　　　　　　　　　　　　　　　　　　　　　　　　　　滴

管号 ＼ 试剂	pH 6.8 缓冲液	1% NaCl	1%淀粉溶液	1%蔗糖溶液	稀释唾液	煮沸唾液
1	20	10	10		5	
2	20	10	10			5
3	20	10		10	5	

4. 各管混匀后,放入 37℃ 水浴中保温 10min,然后每管各加本尼迪特试剂 20 滴,放入沸水浴中煮沸 3min,观察结果。

B. 激活剂与抑制剂对酶促反应速度的影响

1. 取 4 支试管编号,按表 3-7 操作。

表 3-7 滴

管号	pH 6.8 缓冲液	1%淀粉	蒸馏水	1% NaCl	1% CuSO₄	1% Na₂SO₄	稀释唾液
1	20	10	10				5
2	20	10		10			5
3	20	10			10		5
4	20	10				10	5

2. 将各管放入 37℃ 恒温水浴中保温。

3. 5~10min 后,取出各管,各加入稀碘液 1 滴,观察三管颜色区别。

C. 温度对酶促反应速度的影响

1. 取 3 支试管编号,每管各加入 pH 6.8 缓冲液 20 滴,0.3%氯化钠的 1% 淀粉溶液 10 滴。

2. 将第一管放入 37℃ 恒温水浴,第二管放入沸水浴,第三管放入冰浴。

3. 放置 5min 后,分别向各管加稀释唾液 5 滴,再放回原处。

4. 10min 后,分别向各管加稀碘液 1 滴,观察三管颜色的区别。

D. pH 对酶促反应速度的影响

1. 取 3 支试管编号,按表 3-8 操作。

表 3-8 滴

管号	pH 5.0 缓冲液	pH 6.8 缓冲液	pH 8.0 缓冲液	0.3%氯化钠的 1%淀粉溶液	稀释唾液
1	20			10	5
2		20		10	5
3			20	10	5

2. 将上面三管放入 37℃ 恒温水浴中保温。

3. 5~10min 后,取出各管,各加入稀碘液 1 滴,观察三管颜色区别。

六、思考题

1. 说明酶的专一性实验中设置对照实验的必要性。

2. 什么是最适温度、最适 pH、激活剂及抑制剂?

实验十六　生物氧化中的酶

Ⅰ. 脱氢酶的作用

一、目的要求

学习和了解脱氢酶的作用机制和检查方法。

二、实验原理

以脱氢方式使物质氧化的酶称为脱氢酶。在无氧条件下,可以用甲烯蓝作为受氢体,氧化型的亚甲蓝(甲烯蓝,蓝色)接受了氢被还原成还原性亚甲蓝(无色),又叫甲烯白。

还原型亚甲蓝易被空气所氧化,而再次变成氧化型亚甲蓝。因此,实验中必须以深层水或薄层石蜡油隔绝空气,才能很好地观察到脱氢酶的作用。

三、实验器材

黄豆、恒温水浴锅、烧杯、酒精灯、滤纸、试管、试管塞、纱布。

四、实验试剂

0.01%亚甲蓝溶液。

五、实验操作

取 5 粒膨胀的黄豆,剥去种皮,分开两片子叶,分别放入 2 支试管内,其中 1 支试管加少量自来水,在火上煮沸 5min 后将水倒出。然后,分别向 2 支试管内加入适量的亚甲蓝溶液(以淹过黄豆为限)染色 5～10min,待种子表面全部染蓝后,倒掉亚甲蓝溶液,用自来水冲掉多余的甲烯蓝,并加自来水至试管口。放入 37℃恒温水浴中保温 20min,取出,观察颜色变化,并解释原因。

将 2 支试管中的自来水倒掉,再把其中的黄豆分别倒入两个小烧杯内,烧杯底部垫有滤纸,以吸去多余的水分。注意黄豆表面发生的颜色变化,并解释原因。

将两个烧杯内的黄豆再分别放入装满自来水的 2 支试管内,在 37℃恒温水浴中保温 1h 后,观察黄豆的颜色又发生了什么变化,解释原因。

Ⅱ．过氧化氢酶的作用

一、目的要求

了解过氧化氢酶的作用。

二、实验原理

过氧化氢酶(E)能催化过氧化氢(H_2O_2)分解,产生水及分子氧。

作用机制如下:

$$E + H_2O_2 \rightleftharpoons E - H_2O_2$$

$$E - H_2O_2 + H_2O_2 \longrightarrow E + 2H_2O + O_2 \uparrow$$

三、实验器材

生马铃薯、新鲜猪肝糜、电子天平、恒温水浴锅、剪刀、试管。

四、实验试剂

2%过氧化氢溶液。

五、实验操作

取 4 支试管,按表 3-9 加入试剂。

表　3-9

管号	2% H_2O_2/mL	新鲜肝糜/g	煮沸肝糜/g	生马铃薯/g	熟马铃薯/g
1	3	0.5			
2	3		0.5		
3	3			1	
4	3				1

完毕后观察有无气泡放出,特别注意肝糜周围和马铃薯周围,解释原因。

Ⅲ．过氧化物酶的作用

一、目的要求

了解过氧化物酶的作用。

二、实验原理

过氧化物酶能催化过氧化氢(H_2O_2)释放新生氧(O)以氧化某些酚类和胺类物质。例如氧化溶于水中的焦性没食子酸(无色),生成不溶于水的焦性没食子橙(橙红色);氧化愈创木脂中的愈创木酸成为蓝色愈创木酸的臭氧化物等。

三、实验器材

白菜梗、电子天平、纱布、研钵、漏斗、试管。

四、实验试剂

1. 1‰焦性没食子酸水溶液:焦性没食子酸 1g,溶于 100mL 蒸馏水。

2. 2‰过氧化氢溶液。

3. 白菜梗提取液:白菜梗约 15g,切成细块,置研钵内,加蒸馏水约 20mL,研磨成浆,经纱布过滤,滤液备用。

五、实验操作

取 4 支干净试管,按表 3-10 编号并加入相应试剂,摇匀后,观察记录各管颜色变化和沉淀的出现,解释原因。

表　3-10

管号	1‰焦性没食子酸/mL	2‰ H_2O_2/滴	蒸馏水/mL	白菜梗提取液/mL	煮沸的白菜梗提取液/mL(室温)	煮沸的白菜梗提取液/mL(0℃)
1	2	2	2			
2	2		2	2		
3	2	2		2		
4	2	2			2	
5	2	2				2

注:果蔬中过氧化物酶由热稳定和热不稳定两部分组成。过氧化物酶经热处理失活后,随温度下降,部分酶能再生,此种现象在室温条件下(25～35℃)表现得较为明显,当温度接近 0℃时酶的再生受到抑制。

六、思考题

1. 什么是生物氧化?它的特点是什么?

2. 为什么要把豌豆的 2 片子叶分别放入 2 支试管做平行试验,可否使用整粒豌豆? 通过实验你对生物学实验的特点有什么体会?

实验十七　高效毛细管电泳

一、目的要求

1. 熟悉毛细管电泳的工作原理。

2. 了解 Beckman P/ACE MDQ 型毛细管电泳仪的系统组成、使用方法及注意事项。

二、实验原理

毛细管电泳(capillary electrophoresis, CE),又称高效毛细管电泳,它是在熔融的石英毛细管中进行电泳,其管内填充缓冲液或凝胶,是近年来进展最快的分析方法之一。即以毛细管为分离通道,以高压直流电场为驱动力,以样品的多样性(电荷、大小、等电点、极性、亲和行为、相分配特性等)为根据的液相微分离分析技术,其中以毛细管区带电泳(capillary zone electrophoresis, CZE)最基本,最常用。CZE 分辨率高,操作简单,常用的检测方法有紫外、二极管阵列、激光诱导荧光、质谱等。

P/ACE™ MDQ 可以分离各种不同的样品,包括:肽类、蛋白、核酸、离子、手性化合物和药物。毛细管电泳的特点包括:

(1) 高分离效率。

(2) 快速:分离时间通常以 min 计算,短则以 s 计算。

(3) 分析范围广:①分离不同大小的样品,离子→小分子→大分子→病毒→细胞(μm);②分离不同类型的样品,包括肽类、蛋白、核酸、离子、手性化合物和药物等。

(4) 经济:与其他分析仪器相比,需要更为少量的样品($5\sim30\mu L$,进样的量仅 $5\sim50nL$),所以试剂消耗可用分来计算。

(5) 环保:水相分离体系,对人和环境无危害。

毛细管电泳具有广泛的分析范围,主要涉及阴/阳离子定量检测、小分子化合物、手性拆分、碱性药物、天然产物/中药成分分析、生物小分子及代谢产物测定、临床诊断标志物测定及发现、核酸/基因分析和氨基酸/多肽/蛋白分析。

毛细管电泳的工作原理见图 3-1。

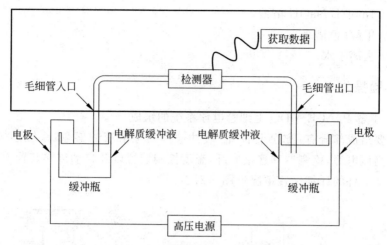

图 3-1 毛细管电泳的工作原理

三、实验器材

Beckman P/ACE MDQ 型毛细管电泳仪、32 Karat™ Software 8.0 数据处理软件、UV 检测器、已安装好的卡盒(石英毛细管柱内径为 75μm，外径 375μm，总长度为 50.2cm，有效长度为 40cm)、数控超声波清洗器、缓冲瓶、36 位缓冲瓶托盘、微量移液器。

四、实验试剂

(1) DNA 样品：稀释配置 50ng/μL 的 DNA 样品溶液，4℃ 保存。DNA 样品是购自美国 NEB 公司的 Φ174-HaeⅢ Digest DNA marker，共包括 11 个 DNA 片段，它们的分子量分别是 72bp、118bp、194bp、234bp、271bp、281bp、310bp、603bp、872bp、1078bp 和 1353 bp。

(2) 运行缓冲液为 1×TBE(Tris-硼酸-EDTA 体系)水溶液，1×TBE 储备液 1L：称取硼酸 27.59g、Tris 53.88g、EDTA 2.93g 溶解于 700mL 水中，完全溶解后调 pH 至 8.3 之后再定容到 1L，4℃ 保存。

(3) 改性剂：分别取 5mLγ-甲基丙烯氧基-三甲氧基硅烷(MAPS)和甲醇混合均匀备用；称取 3.4g 的丙烯酰胺(Acr)溶于 100mL 水中配制成 3.4% 的丙烯酰胺溶液，加入 6μL TEMED、60μL 过硫酸铵(AP)/H_2O(W/W,1/10)，混合均匀后备用。

(4) 羟丙基甲基纤维素(hydroxypropyl methyl cellulose，HPMC)。

(5) 0.1mol/L HCl。

（6）1mol/L NaOH 溶液。

（7）甲醇（色谱级）。

（8）去离子水。

五、实验操作

1. 了解 P/ACE MDQ 毛细管电泳系统的组成

主要组成部分有：放置样品瓶、缓冲液和其他溶液的盛盘，系统连接装置，电极和高压电源，检测器和连接光纤，温度控制装置以及自动进样装置等。

各个部件的详细配置情况见图 3-2。

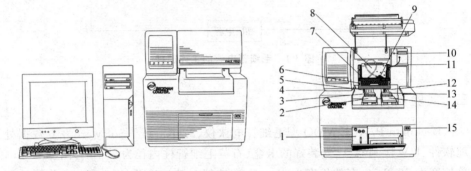

图 3-2　P/ACE MDQ 毛细管电泳系统的组成和各个部件名称

1—制冷剂添加口（Coolant Fill Ports）；2—进口缓冲液托盘（Inlet Buffer Tray）；

3—进口样品盘（Inlet Sample Tray）；4—高压电源（内接）（High Voltage Power Supply(inside)）；

5—高压电极（High Voltage Electrode）；6—接口块（Interface Block）；

7—插入杆（Insertion Bar）；8—内附 D_2 灯的光源模块（Source Optics Module with D_2 Lamp inside）；

9—毛细管卡盒（Capillary Cartridge）；10—检测器（Detector）；

11—光纤（Fiber Optic Cable）；12—接地电极（Grounded Electrode）；

13—出口样品盘（Outlet Sample Tray）；14—出口缓冲液托盘（Outlet Buffer Tray）；

15—电源开关（Power Switch）

2. CE 软件的直接控制窗口（Direct Control Window，见图 3-3）

3. 柱预清洗

为了减小电泳过程中电渗流对样品分离的影响，需要用相关的无机溶剂对毛细管内壁进行修饰。取一段石英毛细管，用 0.1mol/L NaOH 冲洗 1h，再分别用 H_2O、甲醇、空气各冲洗 15min。

4. 柱表面改性

将双官能团硅烷化试剂 MAPS/甲醇（体积比，50/50）冲洗毛细管 1h，常温反应过夜；第二天先分别用甲醇、H_2O、空气各冲洗毛细管 15min，配制 $T\% =$

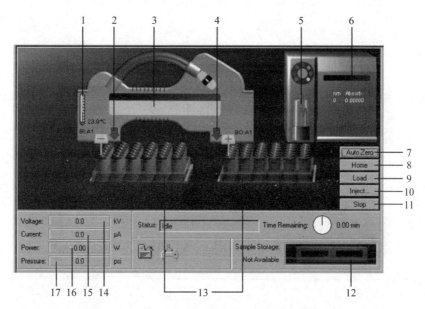

图 3-3 P/ACE MDQ 毛细管电泳系统的直接控制窗口

1—毛细管温度;2—托盘上/下;3—标签对话框;4—托盘上/下;5—灯开关;
6—检测器对话框;7—调零按钮;8—托盘回到原始位置;9—托盘到装载位置;
10—进样对话框;11—停止当前步骤;12—样品存储温度;13—瓶位置对话框;
14—电压对话框;15—电流对话框;16—功率对话框;17—压力对话框

3.4%的 Acr 单体溶液 10mL,并加入 6μL TEMED、60μL AP/H_2O,混合均匀后将反应液注入毛细管,反应 4h 后,用水冲洗 20min。这样在表面 MAPS 键合层上再键合一层线性聚丙烯酰胺,抑制电渗流,从而保证了凝胶柱的稳定性。

5. 方法和结果

打开 32 Karat 软件,可以发现建立了一个仪器方法,必须在联机的状态下进行样品运行和数据采集。使用 HPMC 作为筛分介质,紫外检测器检测(260nm),32 Karat Software 数据处理软件采集数据。毛细管涂层柱在每天使用前先用水和 1×TBE 分别冲洗 5min,柱温为 15℃,再使用毛细管电泳仪压力系统自动填充 HPMC 溶液 15min,压力为 50 psi,再由 10kV 负极电动进样 10s,分离 DNA 片段,结果如图 3-4 所示。

六、思考题

说明毛细管电泳的特点及应用。

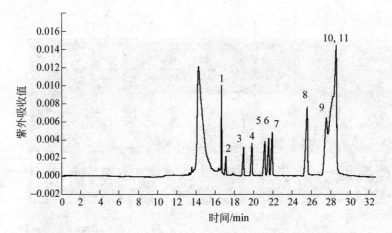

图 3-4 Φ174-HaeⅢ Digest DNA marker HPMC 无胶筛分电泳图

第四章

微生物学实验

实验一　显微镜在微生物学实验中的应用

一、目的要求

1. 学习并掌握油镜的原理和使用方法。
2. 复习普通台式显微镜的结构、各部分的功能和使用方法。

二、实验原理

现代普通光学显微镜利用目镜和物镜两组透镜系统来放大成像,故又常称为复式显微镜,它由机械系统、电气系统和光学系统 3 部分组成。

在显微镜的光学系统中,物镜的性能最为关键,它直接影响着显微镜的分辨率。而在普通光学显微镜通常配置的几种物镜中,油镜的放大倍数最大,对微生物学实验研究最为重要。与其他物镜相比,油镜的使用比较特殊,需在载玻片与镜头之间加滴镜油,这可以增加照明亮度和显微镜的分辨率。

三、实验器材

显微镜、擦镜纸。

四、实验试剂

1. 菌种:细菌三型模片。
2. 溶液或试剂:香柏油、二甲苯。

五、实验操作

在目镜保持不变的情况下,使用不同放大倍数的物镜所能达到的分辨率及放大率都是不同的。显微镜观察前的准备和使用后的操作同第二章实验一。

1. 低倍镜观察

将标本玻片置于载物台上,使观察对象处在物镜的正下方。下降 10×物镜,使其接近标本,用粗调节器慢慢升起镜筒,使标本在视野中初步聚焦,再使用细调节器调节图像清晰。通过玻片夹推进器慢慢移动玻片,认真观察标本各部位,找到合适的目的物,仔细观察并记录所观察到的结果。

注意:在任何时候使用粗调节器聚焦物像时,必须养成先从侧面注视,小心调节物镜靠近标本,然后用目镜观察,慢慢调节物镜离开标本进行准焦的习惯,以免因一时的误操作而损坏镜头及玻片。

2. 高倍镜观察

轻轻转动物镜转换器将高倍镜移至工作位置。对聚光器光圈及视野亮度进行适当调节后,微调细调节器使物像清晰,利用推进器移动标本仔细观察并记录所观察到的结果。

3. 油镜观察

在高倍镜或低倍镜下找到要观察的样品区域后,用粗调节器将镜筒升高,然后将油镜转到工作位置。在待观察的样品区域加滴香柏油。从侧面注视,用粗调节器将镜筒小心地下降,使油镜浸在镜油中并几乎与标本相接。将聚光器升至最高位置并开足光圈,若所用聚光器的数值孔径值超过 1.0,还应在聚光镜与载玻片之间也加滴香柏油,保证达到最大的效能。调节照明使视野的亮度合适,用粗调节器将镜筒徐徐上升,直至视野中出现物像并用细调节器使其清晰准焦为止。

注意:有时按上述操作还找不到目的物,则可能是由于油镜头下降还未到位,或因油镜上升太快,以至眼睛捕捉不到一闪而过的物像。遇此情况,应重新操作。另外,不要在下降镜头时用力过猛,或调焦时误将粗调节器向反方向转动而损坏镜头及载玻片。

【实验报告】

实验报告中分别绘出在低倍镜、高倍镜和油镜下观察到的细菌形态,包括视野中的变化,同时注明物镜放大倍数和总放大率。

六、思考题

(1)用油镜观察时应注意哪些问题?在载玻片和镜头之间加滴什么油?起什么作用?

(2)试列表比较低倍镜、高倍镜及油镜各方面的差异。为什么在使用高倍镜及油镜时应特别注意避免粗调节器的误操作?

(3)根据实验体会,谈谈应如何根据所观察微生物的大小选择不同的物镜进行有效的观察。

实验二　细菌形态的观察（一）

一、目的要求

1. 学习无菌操作技术，微生物涂片、染色的基本技术，掌握细菌的简单染色法。
2. 初步认识细菌的形态特征。
3. 巩固显微镜（油镜）的使用方法。

二、实验原理

简单染色法是利用单一染料对细菌进行染色的一种方法，操作简便，适用于菌体形状和细菌排列的观察。常用碱性染料进行简单染色，这是因为在中性、碱性或弱酸性溶液中，细菌细胞通常带负电荷，而碱性染料在电离时其分子的染色部分带正电荷（酸性染料电离时，其分子的染色部分带负电荷），因此碱性染料的染色部分很容易与细菌结合使细菌着色。常用作简单染色的染料有吕氏碱性美蓝、结晶紫、碱性复红等。

当细菌分解糖类产酸使培养基 pH 下降时，细菌所带正电荷增加，此时可用伊红、酸性复红或刚果红等酸性染料染色。

三、实验器材

显微镜、酒精灯、载玻片、接种环、双层瓶（内装香柏油和二甲苯）、擦镜纸、生理盐水等。

四、实验试剂

1. 菌种：枯草芽孢杆菌 12～18h 斜面培养物。
2. 染色剂：吕氏碱性美蓝染液。

五、实验操作

1. 涂片

在一块载玻片中央滴一小滴生理盐水，用接种环以无菌操作（见图 4-1）从枯草芽孢杆菌斜面上挑取少许菌苔于水滴中，混匀并涂成薄膜。若用菌悬液（或液体培养物）涂片，可用接种环挑取 2～3 环直接涂于载玻片上。载玻片要洁净无油迹；滴生理盐水和取菌不宜过多；涂片要涂抹均匀，不宜过厚。

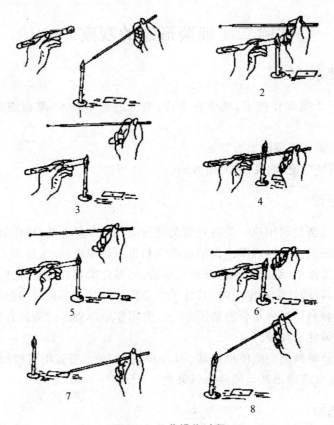

图 4-1　无菌操作过程

2. 干燥

室温自然干燥。

3. 热固定

涂面朝上,将载玻片通过火焰 2～3 次,目的是使细胞质凝固,以固定细胞形态,并使之牢固附着在载玻片上。热固定温度不宜过高(以玻片背面不烫手为宜),否则会改变和破坏细胞形态。涂片、干燥和热固定见图 4-2。

4. 染色

将玻片平放于实验台上,滴加吕氏碱性美蓝染液于涂片上,以染液刚好覆盖涂片薄膜为宜,时间 1～2min。

5. 水洗

倒去染液,用自来水冲洗,直至涂片上流下的水无色为止;不要直接冲洗涂面,而应使水从载玻片的一端流下;水流不宜过急、过大,以免涂片薄膜脱

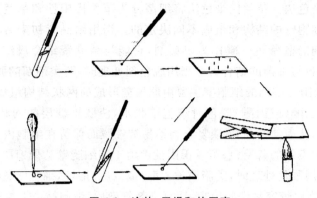

图 4-2 涂片、干燥和热固定

6. 干燥

自然干燥,或用电吹风吹干,也可用吸水纸侧向吸干。

7. 镜检

涂片干后镜检。

【实验报告】

根据观察结果绘图:以水平直线指示标出细菌的颜色、形状;标出放大倍数(目镜与物镜放大倍数的乘积);标出图题(实验菌株、染色方法、制片方法,如:枯草芽孢杆菌简单染色涂片)。

六、思考题

1. 为什么要求制片完全干燥后才能用油镜观察?

2. 如果涂片未经热固定,将会出现什么问题? 如果加热温度过高、时间太长,又会怎样呢?

实验三 细菌形态的观察(二)

一、目的要求

1. 学习并初步掌握革兰氏染色法和芽孢染色方法。

2. 了解革兰氏染色法和芽孢染色法的原理及其在细菌分类鉴定中的重要性。

二、实验原理

革兰氏染色法 1884 年由丹麦病理学家 Christain Gram 创立,是细菌学中最重要的鉴别染色法。革兰氏染色法将细菌分为革兰氏阳性和革兰氏阴性,是由这两类细菌细胞壁的结构和组成不同决定的。当用结晶紫初染后,所有细菌都被染成初染剂的蓝紫色。碘作为媒染剂,它能与结晶紫结合成结晶紫-碘复合物,增强了染料与细菌的结合力。当用脱色剂处理时,两类细菌的脱色效果是不同的:革兰氏阳性细菌的细胞壁主要由肽聚糖形成的网状结构组成,壁厚,类脂质含量低,用乙醇(或丙酮)脱色时细胞壁脱水,使肽聚糖层的网状结构孔径缩小,透性降低,从而使结晶紫-碘复合物不易被洗脱而保留在细胞内,经脱色和复染后仍保留初染剂的蓝紫色;革兰氏阴性菌由于其细胞壁肽聚糖层较薄,类脂含量高,所以当用脱色处理时,类脂质被乙醇(或丙酮)溶解,细胞壁透性增大,使结晶紫-碘复合物比较容易洗脱出来,用复染剂复染后,细胞被染上复染剂的红色。

芽孢又叫内生孢子(endospore),是某些细菌生长到一定阶段在菌体内形成的休眠体,通常呈圆形或椭圆形。细菌能否形成芽孢以及芽孢的形状、芽孢在芽孢囊内的位置、芽孢囊是否膨大等特征是鉴定细菌的依据之一。由于芽孢壁厚、透性低、不易着色,当用石炭酸复红、结晶紫等进行单染色时菌体和芽孢囊着色,而芽孢囊内的芽孢不着色或仅显很淡的颜色,游离的芽孢呈淡红或淡蓝紫色的圆或椭圆形的圈。为了使芽孢着色便于观察,可用芽孢染色法。芽孢染色法的基本原理是:用着色力强的染色剂孔雀绿或石炭酸复红,在加热条件下染色,使染料不仅进入菌体也可进入芽孢内,进入菌体的染料经水洗后被脱色,而芽孢一经着色则难以被水洗脱,当用对比度大的复染剂染色后,芽孢仍保留初染剂的颜色,而菌体和芽孢囊被染成复染剂的颜色,使芽孢和菌体更易于区分。

三、实验器材

仪器或其他用具同本章实验二。

四、实验试剂

1. 菌种:大肠杆菌约 24h 斜面培养物,枯草芽孢杆菌 12～20h 斜面培养物。

2. 染色剂:革兰氏染色液、芽孢染色液。

五、实验操作

A. 革兰氏染色

1. 制片

以无菌操作依次取大肠杆菌和枯草芽孢杆菌菌种常规混合涂片、干燥、固定。要用活跃生长期的幼龄培养物作革兰氏染色;涂片不宜过厚,以免脱色不完全造成假阳性;火焰固定不宜过热(以玻片不烫手为宜)。

2. 初染

滴加结晶紫(以刚好将菌膜覆盖为宜)染色 1~2min,水洗。

3. 媒染

用碘液冲去残水,并用碘液覆盖约 1min,水洗。

4. 脱色

用滤纸吸去玻片上的残水,将玻片倾斜。在白色背景下,用滴管流加约 3 管 95%乙醇脱色,直至流出的乙醇无紫色时,立即水洗。革兰氏染色结果是否正确,乙醇脱色是关键环节:脱色不足阴性菌被误染成阳性菌;脱色过度阳性菌被误染成阴性菌。脱色时间一般为 20~30s。

5. 复染

用番红液复染约 2min,水洗。

6. 镜检

干燥后,用油镜观察。菌体被染成蓝紫色的是革兰氏阳性菌,被染成红色的为革兰氏阴性菌。

B. 芽 孢 染 色

1. 制片

以无菌操作取枯草芽孢杆菌菌种常规涂片、干燥、固定。

2. 染色

加数滴孔雀绿染液于涂片上,用木夹夹住载玻片一端,在微火上加热至染料冒蒸气并开始计时,维持 5min。加热过程中,要及时补充染液,切勿让涂片干涸。

3. 水洗

待玻片冷却后,用缓流自来水冲洗,直至流出的水无色为止。勿用瀑水对着菌膜冲洗,以免细菌被水冲掉。

4. 复染

用番红染液复染 2min。

5. 水洗

用缓流水洗后,吸干。

6. 镜检

干后油镜观察。芽孢呈绿色,芽孢囊及营养体为红色。

【实验报告】

绘图,革兰氏染色中标出两种微生物的形态、颜色、菌株名称及革兰氏染色结果;芽孢染色中标出芽孢及营养体细胞的颜色、形状,并标出亚孢囊及其颜色,注意芽孢的形状、着生位置及芽孢囊的形状特征;标出放大倍数及图题。

六、思考题

1. 你认为哪些环节会影响革兰氏染色结果的正确性? 其中最关键的环节是什么?

2. 进行革兰氏染色时,为什么特别强调菌龄不能太老,用老龄细菌染色会出现什么问题?

3. 革兰氏染色时,初染前能加碘液吗? 乙醇脱色后复染之前,革兰氏阳性菌和革兰氏阴性菌应分别是什么颜色?

4. 你认为革兰氏染色中哪一个步骤可以省去? 在什么情况下可以采用?

实验四 细菌形态的观察(三)

一、目的要求

学习并掌握荚膜染色法。

二、实验原理

荚膜是包围在细菌细胞外的一层粘液状或胶质状物质,其成分为多糖、糖蛋白或多肽。由于荚膜与染料的亲和力弱、不易着色,而且可溶于水,用水冲洗时易被除去,所以通常用衬托染色法染色,使菌体和背景着色,而荚膜不着色,在菌体周围形成一透明图。由于荚膜含水量高,制片时通常不用热固定,以免变形影响观察。下面介绍 3 种荚膜染色法,其中湿墨水法较简便,并适用于各种有荚膜的细菌。

三、实验器材

载玻片、盖玻片、滤纸、显微镜等。

四、实验试剂

1. 菌种:肠膜状明串珠菌,约 2 天无氮培养基琼脂斜面培养物。

2. 绘图墨水(必要时过滤后使用)、1％甲基紫水溶液、1％结晶紫水溶液、6％葡萄糖水溶液、20％硫酸铜水溶液、甲醇等。

五、实验操作

A．湿墨水法

1. 制备菌和墨水混合液

加一滴墨水于洁净载玻片上,挑取少量菌体与其混合均匀。

2. 加盖玻片

将一洁净盖玻片盖在混合液上,然后在盖玻片上放一张滤纸,轻轻按压以吸去多余的混合液。

B．干墨水法

1. 制混合液

加一滴 6％葡萄糖液于洁净载玻片的一端,然后挑取少量菌体与其混合,再加一环墨水,充分混匀。玻片必须洁净无油迹,否则,涂片时混合液不能均匀散开。

2. 涂片

另取一端边缘光滑的载玻片作推片,将推片一端的边缘置于混合液前方,然后稍向后拉,当推片与混合液接触后轻轻左右移动,使之沿推片接触的后缘散开,尔后以大约 30°角迅速将混合液推向玻片另一端,使混合液铺成薄层。

3. 干燥

空气中自然干燥。

4. 固定

用甲醇浸没涂片固定 1min,倾去甲醇。

5. 干燥

在酒精灯上方用文火干燥。

6. 染色

用甲基紫染 1～2min。

7. 水洗

用自来水轻轻冲洗,自然干燥。

8. 镜检

用低倍和高倍镜观察。背景灰色,菌体紫色,菌体周围的清晰透明圈为荚膜。

C．Anthony 氏法

1. 涂片

按常规取菌涂片。

2. 固定

空气中自然干燥。

3. 染色

用 1‰的结晶紫水溶液染色 2min。

4. 脱色

以 20％的硫酸铜水溶液冲洗,用吸水纸吸干残液。

5. 镜检

干后用油镜观察。

菌体染成深紫色,菌体周围的荚膜呈淡紫色。

【实验报告】

绘图说明你所观察到的细菌的菌体和荚膜的形态。

六、思考题

1. 试比较 3 种荚膜染色法的优缺点。

2. 荚膜染色法染色后,为什么被包在荚膜里面的菌体着色而荚膜不着色?

实验五　真菌形态的观察(一)

一、目的要求

1. 观察酵母菌的形态及出芽生殖方式,学习区分酵母菌死、活细胞的实验方法。

2. 掌握酵母菌的一般形态特征及其与细菌的区别。

3. 学习光学显微镜标本浸片的制作方法。

二、实验原理

酵母菌是不运动的单细胞真核微生物,比常见细菌大几倍甚至十几倍。大多数酵母以出芽方式进行无性繁殖,有的分裂繁殖;有性繁殖是通过接合产生子囊孢子。本实验通过美蓝染液水浸片,观察酵母的形态和出芽生殖方式。

美蓝是一种无毒性的染料,它的氧化型呈蓝色,还原型无色。用美蓝对酵母的活细胞进行染色时,由于细胞的新陈代谢作用,使其具有较强的还原能力,能使美蓝由蓝色的氧化型变为无色的还原型。因此,具有还原能力的酵母活细胞是无色的,而死细胞或代谢作用微弱的衰老细胞则呈蓝色或淡蓝色,借此即可对酵母菌的死细胞和活细胞进行鉴别。

三、实验器材

显微镜、载玻片、盖玻片等。

四、实验试剂

1. 菌种：酿酒酵母(saccharomyces cerevisiae)48h 斜面培养物或生理盐水菌悬液。

2. 溶液或试剂：0.1‰吕氏碱性美蓝染色液。

五、实验操作

1. 在载玻片中央加一滴 0.1‰吕氏碱性美蓝染色液,以胶头滴管取菌悬液或以接种环取少量菌苔放在染液中,混合均匀。染液应适量,过多则盖上盖玻片时菌液会溢出;过少则易干涸。

2. 用镊子取一块盖玻片,先将一边与菌液接触,然后慢慢将盖玻片放下盖在菌液上。盖玻片不宜平着放下,以免产生气泡影响观察。

3. 将浸片放置约 3min 后镜检,40×镜观察酵母的形态和出芽情况,并根据颜色来区别死、活细胞。

4. 染色 30min 后再次进行观察,注意死细胞数量是否增加。

【实验报告】

选定同一视野,分别在 3min 和 30min 绘图,标示出活酵母细胞和死酵母细胞及其颜色、形状和状态,并标示出死细胞和活细胞数量之比;标出出芽生殖的酵母菌母细胞及芽体的形态;标出放大倍数及图题。

六、思考题

1. 吕氏碱性美蓝染液浓度和作用时间的不同,对酵母菌死细胞数量有何影响？试分析其原因。

2. 在显微镜下,酵母菌有哪些突出的特征区别于一般细菌？

实验六　真菌形态的观察(二)

一、目的要求

1. 学习并掌握观察霉菌形态的基本方法。

2. 了解常见霉菌的基本形态特征。

二、实验原理

霉菌可产生复杂分枝的菌丝体,分基内菌丝和气生菌丝,气生菌丝生长到一定阶段分化产生繁殖菌丝,由繁殖菌丝产生孢子。霉菌菌丝体(尤其是繁殖菌丝)及孢子的形态特征是识别不同种类霉菌的重要依据。霉菌菌丝和孢子的宽度通常比细菌和放线菌粗得多(为 $3 \sim 10 \mu m$),常是细菌菌体宽度的几倍至几十倍,因此,用低倍显微镜即可观察。观察霉菌的形态有多种方法,常用的有下列 3 种。

直接制片观察法:将培养物置于乳酸石炭酸棉蓝染色液中,制成霉菌制片镜检。用此染液制成的霉菌制片的特点是:细胞不变形;具有防腐作用,不易干燥,能保持较长时间;能防止孢子飞散;染液的蓝色能增强反差。必要时可用树胶封固,制成永久标本长期保存。

载玻片培养观察法:用无菌操作将培养基琼脂薄层置于载玻片上,接种后盖上盖玻片培养,霉菌即在载玻片和盖玻片之间的有限空间内沿盖玻片横向生长。培养一定时间后,将载玻片上的培养物置显微镜下观察。这种方法既可以保持霉菌自然生长状态,还便于观察不同发育期的培养物。

玻璃纸培养观察法:霉菌的玻璃纸培养观察方法与放线菌的玻璃纸培养观察方法相似。这种方法用于观察不同生长阶段霉菌的形态,也可获得良好的效果。

三、实验器材

显微镜等。

四、实验试剂

曲霉、青霉、根霉装片。

五、实验操作

将装片置于低倍镜或高倍镜下观察霉菌的典型形态。

【实验报告】

绘图说明 3 种霉菌的形态特征。

六、思考题

1. 主要根据哪些形态特征来区分上述 3 种霉菌?

2. 根据载玻片培养观察方法的基本原理,你认为上述操作过程中的哪些步骤可以根据具体情况作一些改进或可用其他的替代方法?

3. 在显微镜下观察,细菌、酵母菌和霉菌的主要区别是什么?

实验七　微生物大小的测定

一、目的要求

1. 学习并掌握用测微尺测定微生物大小的方法。
2. 增强微生物细胞大小的感性认识。

二、实验原理

微生物细胞的大小是微生物基本的形态特征,也是分类鉴定的依据之一。微生物大小的测定,需要在显微镜下,借助于特殊的测量工具——测微尺,包括目镜测微尺和镜台测微尺。

镜台测微尺是中央部分刻有精确等分线的载玻片,一般是将 1mm 等分为 100 格,每格长 0.01mm(10μm)。镜台测微尺并不直接用来测量细胞的大小,而是用于校正目镜测微尺每格的相对长度。

目镜测微尺是一块可放入接目镜内的圆形小玻片,其中央有精确的等分刻度,有等分为 50 小格和 100 小格两种。测量时,需将其放在接目镜中的隔板上,用以测量经显微镜放大后的细胞像。由于不同显微镜或不同的目镜和物镜组合放大倍数不同,目镜测微尺每小格所代表的实际长度也不一样。因此,用目镜测微尺测量微生物大小,必须先用镜台测微尺进行校正,以求出该显微镜在一定放大倍数的目镜和物镜下,目镜测微尺每小格所代表的相对长度。然后根据微生物细胞相当于目镜测微尺的格数,即可计算出细胞的实际大小。

对球菌用直径来表示其大小,杆菌则用宽和长的范围来表示。如金黄色葡萄球菌直径约为 0.8μm,枯草芽苞杆菌大小为 $(0.7\sim0.8)\mu m \times (2.0\sim3.0)\mu m$。

三、实验器材

目镜测微尺、镜台测微尺、载玻片、盖玻片、显微镜等。

四、实验试剂

细菌的三型涂片,酿酒酵母 48h 斜面培养物或菌悬液。

五、实验操作

1. 装目镜测微尺

取出接目镜,把目镜上的透镜旋下,将目镜测微尺刻度朝下放在目镜镜筒内的隔板上,旋上目镜透镜,将目镜插入镜筒内(见图 4-3)。

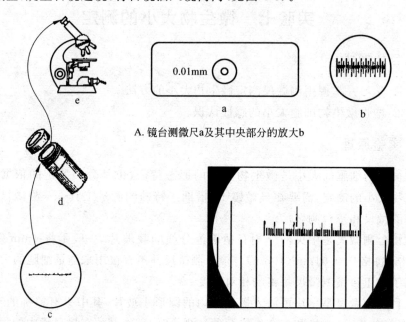

A. 镜台测微尺a及其中央部分的放大b

B. 目镜测微尺c及其安装在目镜
d上再装在显微镜e上的方法

C. 镜台测微尺校正目镜测微尺时的情况

图 4-3 目镜测微尺的校正

2. 校正目镜测微尺

(1) 放镜台微尺   将镜台测微尺刻度面朝上放在显微镜载物台上。

(2) 校正   先用低倍镜观察,将镜台测微尺有刻度的部分移至视野中央,调节焦距,当清晰地看到镜台测微尺的刻度后,转动目镜使目镜测微尺的刻度与镜台测微尺的刻度平行。利用移动器移动镜台测微尺,使两尺在某一区域内两线完全重合,然后分别数出两重合线之间镜台测微尺和目镜微尺所占的格数。

用同样的方法换成高倍镜和油镜进行校正,分别测出在高倍镜和油镜下两重合线之间两尺分别所占的格数。

观察时光线不宜过强,否则难以找到镜台微尺的刻度;换高倍镜和油镜校正时,务必十分细心,防止接物镜压坏镜台微尺和损坏镜头。

(3) 计算   已知镜台测微尺每格长 $10\mu m$,根据下列公式即可分别计算出在不同放大倍数下,目镜测微尺每格所代表的长度:

$$目镜测微尺每格长度(\mu m) = \frac{两重合线间镜台测微尺格数 \times 10}{两重合线间目镜测微尺格数}$$

3. 菌体大小测定

目镜测微尺校正完毕后,取下镜台测微尺,换上标本玻片。测定酵母菌时,先将酵母培养物制成水浸片,用 40×镜测出宽和长各占目镜微尺的格数,将测得的格数乘上目镜微尺(40×)每格所代表的长度,即为酵母菌的实际大小。

通常测定对数生长期菌体来代表该菌的大小;可选择有代表性的 3～5 个细胞进行测定;细菌的大小需用油镜测定,以减少误差。

4. 测定完毕

取出目镜测微尺后,将接目镜放回镜筒,再将目镜测微尺和镜台测微尺分别用擦镜纸擦拭干净,放回盒内保存。

【实验报告】

1. 将目镜测微尺校正结果填入表 4-1。

表　4-1

接物镜倍数	目镜测微尺格数	镜台测微尺格数	目镜测微尺每个长度

2. 将测定结果填入表 4-2,每种微生物测定 5 个细胞的大小,菌体的大小以短径范围×长径范围表示,结果保留一位小数。

表　4-2

微生物名称、序号	目镜测微尺每格长度	宽		长		菌体大小
		目镜测微尺格数	宽度/μm	目镜测微尺格数	长度/μm	

六、思考题

1. 为什么更换不同放大倍数的目镜或物镜时,必须用镜台测微尺重新对目镜测微尺进行校正?

2. 在不改变目镜和目镜测微尺,而改用不同放大倍数的物镜来测定同一细菌的大小,其测定结果是否相同? 为什么?

实验八　显微镜直接计数法

一、目的要求

1. 明确血细胞计数板计数的原理。
2. 掌握使用血细胞计数板进行微生物计数的方法。

二、实验原理

　　显微镜直接计数法是将小量待测样品的悬浮液置于一种特别的具有确定面积和容积的载玻片上(又称计菌器),于显微镜下直接计数的一种简便、快速、直观的方法。目前国内外常用的计菌器有血细胞计数板、Peteroff-Hauser 计菌器以及 Hawksley 计菌器等,它们都可用于酵母、细菌、霉菌孢子等悬液的计数,基本原理相同。除了用这些计菌器外,还有在显微镜下直接观察涂片面积与视野面积之比的估算法,一般用于牛乳的细菌学检查。显微镜直接计数法的优点是直观、快速、操作简单;缺点是所测得的结果通常是死菌体和活菌体的总和。目前已有一些方法可以克服这一缺点,如结合活菌染色、微室培养(短时间)以及加细胞分裂抑制剂等方法来达到只计数活菌体的目的。

　　本实验以血球计数板为例进行显微镜直接计数。该计数板是一块特制的载玻片,其上由 4 条槽构成 3 个平台;中间较宽的平台又被一短横槽隔成两半,每一边的平台上各刻有一个方格网,每个方格网共分为 9 个大方格,中间的大方格即为计数室。血细胞计数板构造如图 4-4 所示。计数室的刻度一般有两种规格,一种是一个大方格分成 25 个中方格,而每个中方格又分成 36 个小方格(见图 4-5);另一种是一个大方格分成 16 个中方格,而每个中方格又分成 25 个小方格,但无论是哪一种规格的计数板,每一个大方格中的小方格都是 400 个。每一个大方格边长为 1mm,则每一个大方格的面积为 $1mm^2$,盖上盖玻片后,盖玻片与载玻片之间的高度为 0.1mm,所以计数室的容积为 $0.1mm^3(0.0001mL)$。

　　计数时通常数 5 个中方格的总菌数,然后求得每个中方格的平均值,再乘上 25 或 16,得出一个大方格中的总菌数,再换算成 1mL 菌液中的总菌数。

　　设 5 个中方格中的总菌数为 A,菌液稀释倍数为 B,如果是 25 个中方格的计数板,则

$$1\mathrm{mL}菌液中的总菌数 = \frac{A}{5} \times 25 \times 10^4 \times B$$
$$= 50\,000AB(个)$$

同理，如果是16个中方格的计数板，则

$$1\mathrm{mL}菌液中总菌数 = \frac{A}{5} \times 16 \times 10^4 \times B$$
$$= 32\,000AB(个)$$

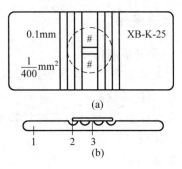

(a)

(b)

图 4-4　血球计数板构造 1

(a) 正面图；(b) 纵切面图(1—血球计数板；2—盖玻片；3—计数室)

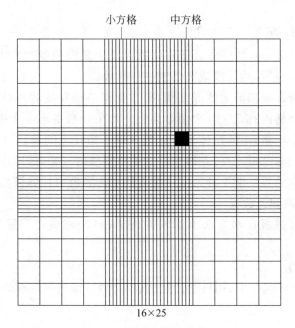

图 4-5　血球计数板构造 2

三、实验器材

血细胞计数板、显微镜、盖玻片等。

四、实验试剂

酿酒酵母生理盐水菌悬液。

五、实验操作

1. 菌悬液制备

以无菌生理盐水将酿酒酵母制成浓度适当的菌悬液。

2. 镜检计数室

在加样前,先对计数板的计数室进行镜检。若有污物,则需清洗,吹干后才能进行计数。

3. 加样品

将清洁干燥的血细胞计数板盖上盖玻片,用无菌的毛细滴管将摇匀的酿酒酵母菌悬液由盖玻片边缘滴一小滴,让菌液沿缝隙靠毛细渗透作用自动进入计数室。

4. 显微镜计数

加样后静置 5min,然后将血细胞计数板置于显微镜载物台上,先用低倍镜找到计数室所在位置,然后换成高倍镜进行计数。

在计数前若发现菌液太浓或太稀,需重新调节稀释度后再计数。一般样品稀释度要求每小格内有 5~10 个菌体为宜。每个计数室选 5 个中格(可选 4 个角和中央的一个中格)中的菌体进行计数。位于格线上的菌体一般只数上方和右边线上的。如遇酵母出芽,芽体大小达到母细胞的一半时,即作为两个菌体计数。计数一个样品要从两个计数室中计得的平均数值来计算样品的含菌量。

5. 清洗血细胞计数板

将血细胞计数板在水龙头上用水冲洗干净,洗完后自然晾干或用吹风机吹干。

【实验报告】

结果记录于表 4-3 中,用科学计数法表示菌数,保留两位有效数字。

表　4-3

菌室	各中方格中菌数					A	B	二室平均值	菌数/mL
	1	2	3	4	5				
1室									
2室									

六、思考题

1. 根据你的体会,说明用血细胞计数板计数的误差主要来自哪些方面,应如何尽量减少误差、力求准确。

2. 某单位要求知道一种干酵母粉中的活菌存活率,试设计 1～2 种可行的检测方法。

实验九 培养基的配制及包扎、灭菌

一、目的要求

1. 明确培养基的配制原理。

2. 掌握配制培养基的一般方法和步骤。

二、实验原理

牛肉膏蛋白胨培养基是一种应用最广泛和最普通的细菌基础培养基,又称为普通培养基。由于这种培养基中含有一般细菌生长繁殖所需要的最基本的营养物质,所以可供作微生物生长繁殖之用。基础培养基含有牛肉膏、蛋白胨和 NaCl。其中牛肉膏为微生物提供碳源、能源、磷酸盐和维生素,蛋白胨主要提供氮源和维生素,而 NaCl 提供无机盐。在配制固体培养基时还要加入一定量琼脂作凝固剂,琼脂在常用浓度下 96℃时溶化,一般在沸水浴中或下面垫以石棉网煮沸溶化,以免琼脂烧焦。琼脂在 40℃时凝固,通常不被微生物分解利用。固体培养基中琼脂的含量根据琼脂的质量和气温的不同而有所变化。牛肉膏蛋白胨培养基常要用稀酸或稀碱将其 pH 调至中性或微碱性,以利于细菌的生长繁殖。

牛肉膏蛋白胨培养基的配方如下:

牛肉膏	3.0g
蛋白胨	10.0g
NaCl	5.0g
H_2O	1000mL
pH	7.4～7.6

高氏Ⅰ号培养基是用来培养和观察放线菌形态特征的合成培养基。如果加入适量的抗菌药物(如各种抗生素、酚等),则可用来分离各种放线菌。此合成培养基的主要特点是含有多种化学成分已知的无机盐,这些无机盐可能相互作用而产生沉淀。如磷酸盐和镁盐相互混合时易产生沉淀,因此在混合培养基成分时,一般是按配方的顺序依次溶解各成分,甚至有时还需要将两种或多种成分分别灭菌,使用时再按比例混合。此外,合成培养基有的还要补加微量元素,如高

氏 I 号培养基中的 $FeSO_4 \cdot 7H_2O$ 的量只有 0.001%，因此在配制培养基时需预先配成高浓度的 $FeSO_4 \cdot 7H_2O$ 储备液，然后再按需加入一定的量到培养基中。

高氏 I 号培养基配方如下：

可溶性淀粉	20g
NaCl	0.5g
KNO_3	1.0g
$K_2HPO_4 \cdot 3H_2O$	0.5g
$MgSO_4 \cdot 7H_2O$	0.5g
$FeSO_4 \cdot 7H_2O$	0.01g
琼脂	15～25g
H_2O	1000mL
pH	7.4～7.6

马丁氏培养基是一种用来分离真菌的选择性培养基。此培养基是由葡萄糖、蛋白胨、K_2HPO_4、$MgSO_4 \cdot 7H_2O$、孟加拉红（玫瑰红，rose bengal）和链霉素等组成。葡萄糖主要作为碳源，蛋白胨主要作为氮源，K_2HPO_4、$MgSO_4 \cdot 7H_2O$ 作为无机盐，为微生物提供钾、磷、镁离子。这种培养基的特点是培养基中加入的孟加拉红和链霉素能有效地抑制细菌和放线菌的生长，而对真菌无抑制作用，因而真菌在这种培养基上可以得到优势生长，从而达到分离真菌的目的。

马丁氏培养基配方如下：

KH_2PO_4	1.0g
$MgSO_4 \cdot 7H_2O$	0.5g
蛋白胨	5g
葡萄糖	10g
琼脂	15～25g
H_2O	1000mL
pH	自然

此培养液 1000mL 加 1% 孟加拉红水溶液 3.3mL；临用时以无菌操作在 100mL 培养基中加入 1% 链霉素 0.3mL，使其终浓度为 $30\mu g/mL$。

三、实验器材

试管、三角瓶、烧杯、量筒、玻棒、培养基分装器、天平、牛角匙、高压蒸气灭菌锅、pH 试纸（pH 5.5～9.0）、棉花、牛皮纸、记号笔、麻绳、纱布等。

四、实验试剂

牛肉膏、蛋白胨、NaCl、琼脂、1mol/L NaOH、1mol/L HCl、可溶性淀粉、KNO₃、NaCl、K₂HPO₄・3 H₂O、MgSO₄・7H₂O、FeSO₄・7H₂O、K₂HPO₄、MgSO₄・7 H₂O、蛋白胨、葡萄糖、琼脂孟加拉红(1%的水溶液)、链霉素(1%水溶液)。

五、实验操作(以牛肉膏蛋白胨培养基为例)

1. 称量

按培养基配方比例依次准确地称取牛肉膏、蛋白胨、NaCl放入烧杯中。牛肉膏常用玻棒挑取,放在小烧杯或表面皿中称量,用热水溶化后倒入烧杯。也可放在称量纸上,称量后直接放入水中,再稍微加热或轻轻搅拌,牛肉膏便会与称量纸分离,立即取出纸片。

蛋白胨很易吸湿,在称取时动作要迅速。另外,称药品时严防药品混杂,一把牛角匙用于一种药品,或称取一种药品后洗净,擦干,再称取另一药品;瓶盖也不要盖错。

2. 溶化

在上述烧杯中先加入少于所需要的水量,用玻棒搅匀,在石棉网上加热使其溶解,或在磁力搅拌器上加热溶解。将药品完全溶解后,补充水到所需的总体积,如果要配制固体培养基,则将称好的琼脂放入已溶的药品中,再加热溶化,最后补足所损失的水分。在制备用三角瓶盛固体培养基时,一般也可先将一定量的液体培养基分装于三角瓶中,然后按1.5%~2.0%的量将琼脂直接分别加入各三角瓶中。不必加热溶化,而是灭菌和加热溶化同步进行。

在琼脂溶化过程中,应控制火力,以免培养基因沸腾而溢出容器。同时需不断搅拌,以防琼脂糊底烧焦。配制培养基时,不可用铜或铁锅加热溶化,以免离子进入培养基中影响细菌生长。

3. 调 pH

在未调 pH 前,先用精密 pH 试纸测量培养基的原始 pH,如果偏酸,用滴管向培养基中逐滴加入 1mol/L NaOH,边加边搅拌,并随时用 pH 试纸测其 pH,直至 pH 达 7.6;反之,用 1mol/L HCl 进行调节。对于有些要求 pH 较精确的微生物,其 pH 的调节可用酸度计进行。

pH 不要调过头,以避免回调而影响培养基内各离子的浓度。配制 pH 低的琼脂培养基时,若预先调好 pH 并在高压蒸气下灭菌,则琼脂因水解不能凝固。因此,应将培养基的成分和琼脂分开灭菌后再混合,或在中性 pH 条件下灭菌,再调整 pH。

4. 过滤

趁热用滤纸或多层纱布过滤,以利某些实验结果的观察。一般无特殊要求的情况下,这一步可以省去。

5. 分装

按实验要求,可将配制的培养基分装入试管内或三角烧瓶内。

(1) 液体分装　分装高度以试管高度的 1/4 左右为宜。分装三角瓶的量则根据需要而定,一般以不超过三角瓶容积的一半为宜,如果是用于振荡培养用,则根据通气量的要求酌情减少;有的液体培养基在灭菌后需要补加一定量的其他无菌成分,如抗生素等,则装量一定要准确。

(2) 固体分装　分装试管,其装量不超过管高的 1/5,灭菌后制成斜面。分装三角烧瓶的量以不超过三角烧瓶容积的一半为宜。

(3) 半固体分装　试管一般以试管高度的 1/3 为宜,灭菌后垂直待凝。

6. 加塞

培养基分装完毕后,在试管口或三角烧瓶口上塞上棉塞(或泡沫塑料塞及试管帽等),以阻止外界微生物进入培养基内而造成污染,并保证有良好的通气性能。

7. 包扎

加塞后,将全部试管用麻绳捆好,再包一层牛皮纸,以防止灭菌时冷凝水润湿棉塞,其外再用一道麻绳扎好。用记号笔注明培养基名称、组别、配制日期。

8. 灭菌

将上述培养基以 0.103MPa、121℃、20min 高压蒸气灭菌。

9. 搁置斜面

将灭菌的试管培养基冷至 50℃ 左右(以防斜面上冷凝水太多),将试管口端搁在玻棒或其他合适高度的器具上,搁置的斜面长度以不超过试管总长的一半为宜。

10. 无菌检查

将灭菌培养基放入 37℃ 的温室中 24～48h,检查灭菌是否彻底。

六、思考题

1. 培养基配好后,为什么必须立即灭菌? 如何检查灭菌后的培养基是无菌的?

2. 在配制培养基的操作过程中应注意些什么问题? 为什么?

实验十　平板菌落计数法

一、目的要求

学习平板菌落计数的基本原理和方法。

二、实验原理

平板菌落计数法是将待测样品经适当稀释之后,其中的微生物充分分散成单个细胞,取一定量的稀释样液接种到平板上,经过培养,由每个单细胞生长繁殖而形成肉眼可见的菌落,即一个单菌落应代表原样品中的一个单细胞。统计菌落数,根据其稀释倍数和取样接种量即可换算出样品中的含菌数。由于待测样品往往不易完全分散成单个细胞,所以长成的一个单菌落也可能来自样品中的 2~3 个或更多个细胞,因此平板菌落计数的结果往往偏低。为了清楚地阐述平板菌落计数的结果,常用菌落形成单位(colony-forming units，cfu),而不以绝对菌落数来表示样品的活菌含量。

平板菌落计数法虽然操作较繁,结果需要培养一段时间才能取得,而且测定结果易受多种因素的影响,但该法的最大优点是可获得活菌的信息,所以被广泛用于生物制品检验(如活菌制剂),以及食品、饮料和水(包括水源水)等的含菌指数或污染程度的检测。

三、实验器材

1mL 无菌吸管、无菌平皿、有 4.5mL 无菌水的试管、试管架、恒温培养箱。

四、实验试剂

1. 菌种:大肠杆菌菌悬液。
2. 培养基:牛肉膏蛋白胨培养基。

五、实验操作

1. 编号

取无菌平皿 9 套,分别用记号笔标明 10^{-4}、10^{-5}、10^{-6}(稀释度)各 3 套。另取 6 支盛有 4.5mL 无菌水的试管,依次标上 10^{-1}、10^{-2}、10^{-3}、10^{-4}、10^{-5}、10^{-6}。

2. 稀释

用 1mL 无菌吸管吸取 1mL 已充分混匀的大肠杆菌菌悬液(待测样品),精确地放 0.5mL 至 10^{-1} 的试管中,此即为 10 倍稀释,轻轻振荡。另取一支 1mL 吸管插入 10^{-1} 试管中来回吹吸菌悬液 3 次,进一步将菌体分散混匀。吹吸菌液时不要太猛太快,吸时吸管伸入管底,吹时离开液面,以免将吸管中的过滤棉花浸湿或使试管内液体外溢。用此吸管吸取 10^{-1} 菌液 1mL,精确地放 0.5mL 至 10^{-2} 试管中,此即为 100 倍稀释。其余依次类推,如图 4-6 所示。

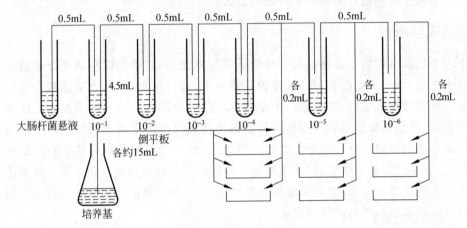

图 4-6　平板菌落计数

注意:放菌液时吸管尖不要碰到液面,即每一支吸管只能接触一个稀释度的菌悬液,否则稀释不精确,结果误差较大。

3. 取样

用 3 支 1mL 无菌吸管分别吸取 10^{-4}、10^{-5} 和 10^{-6} 的稀释菌液各 1mL,对号放入编好号的无菌平皿中,每个平皿放 0.2mL。

4. 倒平板

尽快向上述盛有不同稀释度菌液的每个平皿中倒入融化后冷却至 45℃ 左右的牛肉膏蛋白胨培养基约 15mL,置水平位置迅速旋动平皿,使培养基与菌液混合均匀,而又不使培养基荡出平皿或溅到平皿盖上。由于细菌易吸附到玻璃器皿表面,所以菌液加入到培养皿后,应尽快倒入融化并已冷却至 45℃ 左右的培养基,立即摇匀,否则细菌将不易分散或长成的菌落连在一起,影响计数。待培养基凝固后,将平板倒置于 37℃ 恒温培养箱中培养。

5. 计数

培养 24~48h 后,取出培养平板,数出同一稀释度 3 个平板上的菌落平均数,并按下列公式计算:

$$每毫升中菌落形成单位(cfu) = 同一稀释度 3 次重复的平均菌落数$$
$$\times 稀释倍数 \times 5$$

一般选择每个平板上长有 30~300 个菌落的稀释度计算每毫升含菌量较为合适。同一稀释度的 3 个重复对照的菌落数不应相差很大,否则表示试验不精确。实际工作中同一稀释度重复对照平板不能少于 3 个,这样便于数据统计,减少误差。由 10^{-4}、10^{-5}、10^{-6} 三个稀释度计算出的每毫升菌液中菌落形成单位数不应相差太大。

平板菌落计数法中,选择菌样稀释度是很重要的。一般以 3 个连续稀释度中的第二个稀释度平板培养后所出现的平均菌落数在 50 个左右为好。

也可先倒平板,待培养基冷却后,加入菌液,涂布混匀后培养。这种方法先将牛肉膏蛋白胨培养基融化后倒平板,待凝固后编号,并于 37℃ 左右的温箱中烘烤 30min,或在超静工作台上适当吹干,然后用无菌吸管吸取稀释好的菌液对号接种于不同稀释度编号的平板上,并尽快用无菌玻璃涂棒将菌液在平板上涂布均匀,平放于实验台上 20~30min,使菌液渗入培养基表层内,然后倒置于 37℃ 的恒温箱中培养 24~48h。

涂布平板用的菌悬液一般以 0.1~0.2mL 较为适宜。菌液过少不易涂开;过多则在涂布完后或在培养时菌液仍会在平板表面流动,不易形成单菌落。

【实验报告】

将培养后菌落计数结果填入表 4-4 中。

表　4-4

稀释度	10^{-4}				10^{-5}				10^{-6}			
	1	2	3	平均	1	2	3	平均	1	2	3	平均
cfu/平板												
每毫升 cfu												

六、思考题

1. 为什么融化后的培养基要冷却至 45℃ 左右才能倒平板?

2. 要使平板菌落计数准确,需要掌握哪几个关键? 为什么?

3. 试比较平板菌落计数法和显微镜下直接计数法的优缺点及应用。

4. 当你的平板上长出的菌落不是均匀分散的而是集中在一起时,你认为问题出在哪里?

5. 用倒平板法和涂布法计数,其平板上长出的菌落有何不同? 为什么要培养较长时间(48h)后观察结果?

实验十一　微生物的分离、纯化及菌种保藏

一、目的要求

掌握倒平板的方法和几种常用的分离纯化微生物的基本操作技术。

二、实验原理

从混杂的微生物群体中获得只含有某一种或某一株微生物的过程称为微生物的分离与纯化。常用的方法有以下几种。

1. 简易单细胞挑取法

简易单细胞挑取法需要特制的显微操纵器或其他显微技术，因而其使用受到限制。简易单孢子分离法是一种不需显微单孢操作器，直接在普通显微镜下利用低倍镜分离单孢子的方法。它采用很细的毛细管吸取较稀的萌发的孢子悬浮液滴在培养皿盖的内壁上，在低倍镜下逐个检查微滴，在只含有一个萌发孢子的微滴中放一小块营养琼脂片，使其发育成微菌落，再将微菌落转移到培养基中，即可获得仅由单个孢子发育而成的纯培养。

2. 平板分离法

该方法操作简便，普遍用于微生物的分离与纯化，基本原理包括两方面：

（1）选择适合于待分离微生物的生长条件，如营养、酸碱度、湿度和氧等要求，或加入某种抑制剂造成只利于该微生物生长，而抑制其他微生物生长的环境，从而淘汰一些不需要的微生物。

（2）微生物在固体培养基上生长形成的单个菌落可以是由一个细胞繁殖而成的集合体，因此可通过挑取单菌落而获得一种纯培养。获取单个菌落的方法可通过稀释涂布平板或平板划线等技术完成。

值得指出的是：从微生物群体中经分离生长在平板上的单个菌落并不一定保证是纯培养。因此，纯培养的确定除观察其菌落特征外，还要结合显微镜检测个体形态特征后才能确定，有些微生物的纯培养要经过一系列的分离与纯化过程和多种特征鉴定方能得到。

土壤是微生物生活的大本营，所含微生物无论是数量还是种类都极其丰富。此土壤是微生物多样性的重要场所，是发掘微生物资源的重要基地，可以从中分离、纯化得到许多有价值的菌株。本实验将采用 3 种不同的培养基从土壤中分离不同类型的微生物。

三、实验器材

仪器和其他用具：玻璃涂棒，无菌吸管，接种环，无菌培养皿，链霉素和土样，显微镜。

四、实验试剂

1. 菌种：来自土壤样品。
2. 培养基：淀粉琼脂培养基（高氏Ⅰ号培养基）、牛肉膏蛋白胨琼脂培养基、马丁氏琼脂培养基。
3. 溶液或试剂：10％酚、盛 9mL 无菌水的试管、盛 90mL 无菌水并带有玻璃珠的三角烧瓶、4％水琼脂。

五、实验操作

1. 稀释涂布平板法

（1）倒平板　将牛肉膏蛋白胨琼脂培养基、高氏Ⅰ号琼脂培养基、马丁氏琼脂培养基加热溶化，待冷至 $55\sim60℃$ 时，在高氏Ⅰ号琼脂培养基中加入 10％酚数滴，马丁氏培养中加入链霉素溶液（终浓度为 $30\mu g/mL$），混均匀后分别倒平板，每种培养基倒 3 皿。

倒平板的方法：右手持盛培养基的试管或三角瓶置火焰旁边，用左手将试管塞或瓶塞轻轻地拨出，试管或瓶口保持对着火焰；然后用右手手掌边缘或小指与无名指夹住管（瓶）塞（也可将试管塞或瓶塞放在左手边缘或小指与无名指之间夹住。如果试管内或三角瓶内的培养基一次用完，管塞或瓶塞则不必夹在手中）。左手拿培养皿并将皿盖在火焰附近打开一缝，迅速倒入培养基约 15mL，加盖后轻轻摇动培养皿，使培养基均匀分布在培养皿底部，然后平置于桌面上，待凝后即为平板。

（2）制备土壤稀释液　称取土样 10g，放入盛 90mL 无菌水并带有玻璃珠的三角烧瓶中，振摇约 20min，使土样与水充分混合，将细胞分散。用一支 1mL 无菌吸管从中吸取 1mL 土壤悬液加入盛有 9mL 无菌水的大试管中充分混匀，然后用无菌吸管从此试管中吸取 1mL 加入另一盛有 9mL 无菌水的试管中，混合均匀，依此类推制成 10^{-1}、10^{-2}、10^{-3}、10^{-4}、10^{-5}、10^{-6} 不同稀释度的土壤溶液。

（3）涂布　将上述每种培养基的 3 个平板底面分别用记号笔写上 10^{-4}、10^{-5} 和 10^{-6} 三种稀释度，然后用无菌吸管分别由 10^{-4}、10^{-5} 和 10^{-6} 三管土壤稀释液中各吸取 0.1mL 对号放入已写好稀释度的平板中，用无菌玻璃涂棒按图 4-7 所示在培养基表面轻轻地涂布均匀，室温下静置 $5\sim10min$，使菌液吸附进培养基。

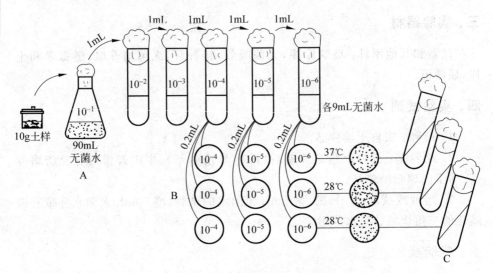

图 4-7　微生物分离纯化的过程

（4）培养　将高氏Ⅰ号培养基平板和马丁氏培养基平板倒置于 28℃温室中培养 3～5d，牛肉膏蛋白胨平板倒置于 37℃温室中培养 2～3d。

（5）挑菌落　将培养后长出的单个菌落分别挑取少许细胞接种到上述 3 种培养基的斜面上培养，待菌苔长出后，检查其特征是否一致，同时将细胞涂片染色后用显微镜检查是否为单一的微生物。若发现有杂菌，需再一次进行分离、纯化，直到获得纯培养。

2. 平板划线分离法

（1）倒平板　按稀释涂布平板法倒平板，并用记号笔标明培养基名称、土样编号和实验日期。

（2）划线　在近火焰处，左手拿皿底，右手拿接种环，挑取上述 10^{-1} 的土壤悬液一环在平板上划线。划线的方法很多，但无论采用哪种方法，其目的都是通过划线将样品在平板上进行稀释，使之形成单个菌落。常用的划线方法有下列两种（见图 4-8）。

图（a）：用接种环以无菌操作挑取土壤悬液一环，先在平板培养基的一边作第一次平行划线 3～4 条，再转动培养皿约 70°角，并将接种环上剩余物烧掉，待冷却后通过第一次划线部分作第二次平行划线，再用同样的方法通过第二次划线部分作第三次划线和通过第三次平行划线部分作第四次平行划线。划线完毕后，盖上培养皿盖，倒置于温室培养。

图（b）：持挑取有样品的接种环在平板培养基上作连续划线。划线完毕后，

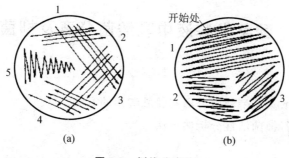

图 4-8　划线分离法

盖上培养皿盖,倒置于温室培养。

（3）挑菌落　同稀释涂布平板法。

3. 菌种保藏

将得到的纯菌落划线至相应的试管斜面,4℃保藏。

【实验报告】

1. 你利用涂布平板法和划线法是否较好地得到了单菌落？如果不是,请分析其原因并重做。

2. 在 3 种不同的平板上你分离得到了哪些类群的微生物？简述它们的菌落特征。

六、思考题

1. 如何确定平板上某个菌落是否为纯培养？请写出实验的主要步骤。

2. 分离单孢子前为什么先使孢子萌发？

3. 如果要分离得到极端嗜盐细菌,在什么地方取样为宜？并说明其理由。

4. 如果一项科学研究内容需从自然界中筛选到能产高温蛋白酶的菌株,你将如何完成？请写出简明的实验方案（提示：产蛋白酶菌株在酪素平板上会形成降解酪素的透明圈）。

5. 为什么高氏Ⅰ号培养基和马丁氏培养基中要分别加入酚和链霉素？如果用牛肉膏蛋白胨培养基分离一种对青霉素具有抗性的细菌,你认为应如何做？

【生活中的微生物】

酵母菌是"人类第一种家养的微生物",与生产生活相关。结合本次实验课的学习及微生物学理论课上学到的知识,设计一个试验,从水果表面分离一株耐高渗、产乙醇酵母菌,重点考虑培养基的选择、非目的微生物的抑制、目的微生物的富集及目的产物的检测等问题,设计一个可行方案,在下次实验课上实施。

实验十二　酸菜发酵液中乳酸菌分离及抑菌活性分析

一、目的要求

　　1. 熟悉从酸菜发酵液中分离有关乳酸菌的方法。

　　2. 掌握进行抑菌活性分析的方法。

二、实验原理

　　酸菜发酵是由乳酸菌完成的,主要发酵菌种有植物乳杆菌、短乳杆菌、乳酸乳球菌等。乳酸菌是一类兼性厌氧菌或耐氧厌氧菌,革兰氏阳性,杆状或球状,无芽孢,不运动,分解和合成能力较差,营养要求较高,需要提供丰富的肽类、氨基酸和维生素,缺乏呼吸链的成分、超氧化物歧化酶和过氧化氢酶。在琼脂培养基表面或内层只形成较小的白色或淡色菌落。酸菜发酵液中的乳酸菌很容易分离,其分离培养基也有很多,常用的有麦芽汁碳酸钙琼脂培养基、番茄汁碳酸钙琼脂培养基、BCP 琼脂培养基、MRS 琼脂培养基等。在菌种分离时,若能同时选择数种培养基,其成功率更高。

　　微生物之间的拮抗作用是普遍存在的。研究表明,某些乳酸菌产生的一些物质能够抑制他种微生物的生长,因而可以用于制作天然防腐剂。考察某种化合物是否具有抑菌效果的方法有很多,通常采用杯碟法。测定时将规格完全一致的不锈钢小管(牛津杯)置于含有敏感菌的琼脂平板上,在牛津杯中加入化合物的一定浓度溶液,该化合物即由牛津杯向四周扩散,在抑菌浓度所达范围内,敏感菌的生长就会被抑制。

三、实验器材

　　1. 样品:酸菜发酵液。

　　2. 菌种:大肠杆菌,枯草芽孢杆菌。

四、实验试剂

　　MRS 培养基(蛋白胨 10g、牛肉膏 10g、酵母膏 5g、葡萄糖 20g、吐温 80 1mL、磷酸氢二钾 2g、醋酸钠 5g、柠檬酸二铵 2g、七水硫酸镁 0.58g、四水硫酸锰 0.25g、水 1L,pH 6.2～6.6),牛肉膏蛋白胨培养基,0.85％生理盐水。

五、实验操作

A．乳酸菌的分离和培养

1. 将三角瓶中的 MRS 培养基加热溶化,冷却至 45℃左右,分别浇注 3 个平板,凝固后待用。

2. 取适当稀释的酸菜发酵液用稀释倒平板法或涂布平板法分离单菌落,也可以直接用划线法。

3. 将分离培养皿厌氧培养,37℃,2～3 天。

4. 挑取在平板上出现透明圈的菌落进行触酶试验,把 3％过氧化氢滴在菌落上,若无气泡产生为阴性;同时进行革兰氏染色形态观察,以判断其是否为乳酸菌。

5. 将该菌挑入 MRS 液体培养基中培养,300r/min,37℃,24h。测定培养液的 pH。

B．乳酸菌抑菌活性的分析

1. 取培养好的大肠杆菌和枯草芽孢杆菌斜面,用 0.85％生理盐水洗涤并制成 108/mL 菌悬液。

2. 取一平板,倒入约 20mL 的牛肉膏蛋白胨培养基,制作底层培养基,水平凝固待用。

3. 将牛肉膏蛋白胨培养基(100mL)溶化后,冷却至 60℃加入 12mL 60％葡萄糖液和 3～5mL 敏感菌悬液,充分混匀后用移液管吸取 4mL 迅速铺满底层培养基上,水平凝固待用。

4. 在凝固后的培养基上对称放置两个牛津杯,其中一个放入供试发酵液 0.2mL,另一个放入与其相同 pH 的乳酸溶液 0.2mL 作为空白对照,盖上平皿盖后置于 37℃环境培养 18～24h 后观察结果。

【实验报告】

1. 将乳酸菌的分离结果填入表 4-5。

表 4-5

菌株编号	菌落直径	菌落颜色	菌落高度	边缘是否整齐	是否有透明圈	革兰氏染色	触酶试验结果	菌体形态

2. 观察平皿中敏感菌的生长情况,是否出现抑菌圈? 如果出现抑菌圈则记录抑菌圈直径与菌落直径之比即 H/C 值。

六、思考题

1. 在测量抑菌直径大小,为什么设置空白对照?
2. 如果所测样品的抑菌直径与空白对照相同大小,这说明了什么?

实验十三　pH、生物因素对微生物的影响

一、目的要求

1. 了解 pH 对微生物生长的影响,确定微生物生长最适 pH 条件。
2. 了解某一抗生素的抗菌范围,学习抗菌谱试验的基本方法。

二、实验原理

　　pH 对微生物生命活动的影响是通过以下几方面实现的:一是使蛋白质、核酸等生物大分子所带电荷发生变化,从而影响其生物活性;二是引起细胞膜电荷变化,导致微生物细胞吸收营养物质的能力改变;其三是改变环境中营养物质的可给性及有害物质的毒性。不同微生物对 pH 条件的要求各不相同。它们只能在一定的 pH 范围内生长,这个 pH 范围有宽、有窄,而其生长最适 pH 常限于一个较窄的 pH 范围,对 pH 条件的不同要求在一定程度上反映出微生物对环境的适应能力。例如肠道细菌能在一个较宽的 pH 范围生长,这与其生长的自然环境条件——消化系统是相适应的,而血液寄生微生物仅能在一个较窄的 pH 范围内生长。

　　尽管一些微生物能在极端 pH 条件下生长,但细菌一般在 pH 4～9 范围内生长,生长最适 pH 一般为 6.5～7.5;真菌一般在偏酸环境中生长,生长最适 pH 一般为 4～6。在实验室条件下,人们常将培养基 pH 调至接近于中性,而微生物在生长过程中常由于糖的降解产酸及蛋白质降解产碱而使环境 pH 发生变化,从而会影响微生物生长,因此需在培养基中加入缓冲系统,如 K_2HPO_4/KH_2PO_4 缓冲液;大多数培养基富含氨基酸、肽及蛋白质,这些物质可作为天然缓冲系统。在实验室条件下,可根据不同类型微生物对 pH 要求的差异来选择性地分离某种微生物,例如,在 pH 10～12 的高盐培养基上可分离到嗜盐嗜碱细菌,分离真菌则一般用酸性培养基等。

　　微生物之间的拮抗现象是普遍存在于自然界的。许多微生物在其生命活动过程中能产生某种特殊代谢产物如抗生素,具有选择性地抑制或杀死其他微生物的作用,不同抗生素的抗菌谱是不同的,某些抗生素只对少数细菌有抗菌作

用,例如青霉素一般只对革兰氏阳性菌具有抗菌作用,多粘菌素只对革兰氏阴性菌有作用,这类抗生素称为窄谱抗生素;另一些抗生素对多种细菌有作用,例如四环素、土霉素对许多革兰氏阳性菌和革兰氏阴性菌都有作用,称为广谱抗生素。

本实验利用滤纸条法测定青霉素的抗菌谱,将浸润有青霉素溶液的滤纸条贴在豆芽汁葡萄糖琼脂培养基平板上,再由此滤纸条垂直划线接种试验菌,经培养后,根据抑菌带的长短即可判断青霉素对不同类型微生物的影响,初步判断其抗菌谱。实验中所用试验菌通常以各种具有代表性的非致病菌来代替人体或动物致病菌,而植物致病菌由于对人畜一般无直接危害,可直接用作试验菌。

三、实验器材

1. 菌种:大肠杆菌、枯草芽孢杆菌。

2. 培养基及试剂:牛肉膏蛋白胨液体培养基,用 1mol/L NaOH 和 1mol/L HCl 将其 pH 分别调至 3、5、7、9;青霉素溶液(80 万单位/mL)、氨苄青霉素溶液(80 万单位/mL);无菌生理盐水。

3. 仪器或其他用具:吸管、平皿、滤纸条、镊子、接种环等。

四、实验操作

A. pH 对微生物的影响

1. 制备大肠杆菌菌悬液,细胞浓度约 10^8/mL。

2. 无菌操作分别吸取 0.1mL 菌悬液,接种于装有 5mL 不同 pH 的牛肉膏蛋白胨液体培养基的试管中。

3. 将接种大肠杆菌的试管置于 37℃恒温培养 24~48h 后,观察生长情况。

B. 生物因素对微生物的影响

1. 分别无菌操作取 0.1mL 大肠杆菌和枯草芽孢杆菌悬液,与已融化并预冷至 55℃的牛肉膏蛋白胨培养基混合后制备两个平板。

2. 无菌操作,用镊子将无菌滤纸片分别浸入过滤除菌的青霉素溶液和氨苄青霉素溶液中润湿,并在容器内壁沥去多余溶液,再将滤纸片分别贴在两个已凝固的平板上。注意滤纸片形状要规则,含有的溶液量不要太多,而且在贴滤纸片时不要在培养基上拖动,避免抗生素溶液在培养基中扩散时分布不均匀。

3. 将接种好的平板倒置于 37℃恒温培养 24~48h,取出观察并记录敏感菌株的生长状况。

【实验报告】

1. 说明两种微生物各自的生长 pH 范围及最适 pH。

2. 绘图表示并说明青霉素和氨苄青霉素对大肠杆菌及枯草芽孢杆菌的抑菌效能,解释其原理。

五、思考题

1. 氨基酸、蛋白质为何被称为天然缓冲系统?

2. 某实验室获得一株产抗生素的菌株,请设计一个简单实验,测定此菌株所产抗生素的抗菌谱。

3. 滥用抗生素会造成什么样的后果? 原因是什么? 如何解决这个问题?

4. 根据青霉素的抗菌机制,你的平板上出现的抑菌圈是致死效应还是抑制效应? 与抗生素的浓度有无关系?

实验十四　温度和渗透压对微生物的影响

一、目的要求

1. 了解温度对不同类型微生物生长的影响。
2. 区别微生物的最适生长温度与最适代谢温度。
3. 了解渗透压对微生物生长的影响。

二、实验原理

温度通过影响蛋白质、核酸等生物大分子的结构与功能以及细胞结构如细胞膜的流动性及完整性来影响微生物的生长、繁殖和新陈代谢。过高的环境温度会导致蛋白质或核酸的变性失活,而过低的温度会使酶活力受到抑制,细胞的新陈代谢活动减弱。每种微生物只能在一定的温度范围内生长,低温微生物的最高生长温度不超过 20℃,中温微生物的最高生长温度低于 45℃,而高温微生物能在 45℃以上的温度条件下正常生长,某些极端高温微生物甚至能在 100℃以上的温度条件下生长。微生物群体生长、繁殖最快的温度为其最适生长温度,但它并不等于其发酵的最适温度,也不等于积累某一代谢产物的最适温度。粘质沙雷氏菌能产生红色或紫红色色素,菌落表面颜色随着色素量的增加呈现出由橙黄到深红色逐渐加深的变化趋势,而酿酒酵母可发酵产气。本实验通过在不同温度条件下培养不同类型微生物,了解微生物的最适生长温度与最适代谢温度及最适发酵温度的差别。

在等渗溶液中,微生物正常生长繁殖;在高渗溶液(例如高盐、高糖溶液)中,细胞失水收缩,而水分为微生物生理生化反应所必需,失水会抑制其生长繁殖;

在低渗溶液中,细胞吸水膨胀。细菌、放线菌、霉菌及酵母菌等大多数微生物具有较为坚韧的细胞壁,而且个体较小,因而在低渗溶液中一般不会像无细胞壁的细胞那样容易发生裂解,具有细胞壁的微生物受低渗透压的影响不大。不同类型微生物对渗透压变化的适应能力不尽相同,大多数微生物在 0.5%～3% 的盐浓度范围内可正常生长。10%～15% 的盐浓度能抑制大部分微生物的生长,但对嗜盐细菌而言,在低于 15% 的盐浓度环境中不能生长,而某些极端嗜盐菌可在盐浓度高达 30% 的条件下生长良好。

三、实验器材

无菌平皿、接种环等。

四、实验试剂

1. 菌种:大肠杆菌、酿酒酵母。

2. 培养基:牛肉膏蛋白胨琼脂培养基,PDA 琼脂培养基,分别含 0.85%、5%、10%、15% 及 25% NaCl 的牛肉膏蛋白胨琼脂培养基。

五、实验操作

A. 温度对微生物的影响

1. 将培养基溶化后倒入平板

注意倒平板时培养基量适当增加,使凝固后的培养基厚度为一般培养基厚度的 1.5～2 倍,避免在高温(60℃)条件下培养微生物时培养基干裂。

2. 分别无菌操作划线接种相应的两种菌,各取两套平板倒置于 4℃、20℃、37℃ 及 60℃ 条件下培养 24～48h,观察生长状况。

B. 渗透压对微生物的影响

1. 将含不同浓度 NaCl 的琼脂培养基溶化、倒平板。

2. 无菌操作分别划线接种大肠杆菌和酿酒酵母,避免污染杂菌或相互污染。

3. 将上述平板置于 28℃ 温室中,4d 后观察并记录含不同浓度 NaCl 的平板上三种菌的生长状况。

【实验报告】

比较微生物在不同温度条件下的生长状况("－"表示不生长,"＋"表示生长较差,"＋＋"表示生长一般,"＋＋＋"表示生长良好)

六、思考题

1. 为什么微生物最适生长温度并不一定等于其代谢或发酵的最适温度?

2. 在下列地方最有可能存在何种类型的微生物(就温度而言)?

①深海海水;②海底火山口附近的海水;③温泉;④温带土壤表层;⑤植物组织

3. 你认为高温微生物能感染温血动物吗? 为什么?

4. 进行体外 DNA 扩增的 PCR(polymerase chain)技术之所以能够迅速发展和广泛应用,其中最重要的是得益于 Taq 酶的发现和生产,你知道这种酶是从什么菌中分离的吗? 该菌属于本实验中涉及的哪种类型微生物?

5. 地球以外是否有生命形式一直是人们十分感兴趣的问题。随着 1997 年 7 月美国火星探测器在火星登陆,探索星际生命又成为一个热点。美国事实上早已将低温微生物特别是专性嗜冷菌作为其宇宙微生物研究计划的重要内容,并在南极地区模拟宇宙环境研究星际生命,你认为他们这么做的原因是什么?

实验十五　化学因素和氧对微生物的影响

一、目的要求

1. 了解常用化学消毒剂对微生物的作用。

2. 了解氧对微生物生长的影响及其实验方法。

二、实验原理

常用化学消毒剂主要有重金属及其盐类、有机溶剂(酚、醇、醛等)、卤族元素及其化合物、染料和表面活性剂等。重金属离子可与菌体蛋白质结合而使之变性或与某些酶蛋白的巯基相结合而使酶失活,重金属盐则是蛋白质沉淀剂,或与代谢产物发生螯合作用而使之变为无效化合物;有机溶剂可使蛋白质及核酸变性,也可破坏细胞膜透性使内含物外溢;碘可与蛋白质酪氨酸残基不可逆结合而使蛋白质失活,氯气与水发生反应产生的强氧化剂也具有杀菌作用;染料在低浓度条件下可抑制细菌生长,染料对细菌的作用具有选择性,革兰氏阳性菌普遍比革兰氏阴性菌对染料更加敏感;表面活性剂能降低溶液表面张力,这类物质作用于微生物细胞膜,改变其透性,同时也能使蛋白质发生变性。

各种化学消毒剂的杀菌能力常以石炭酸为标准,以石炭酸系数(酚系数)来表示。将某一消毒剂作不同程度稀释,在一定时间内及一定条件下,该消毒剂杀死全部供试微生物的最高稀释倍数与达到同样效果的石炭酸的最高稀释倍数的比值,即为该消毒剂对该种微生物的石炭酸系数。石炭酸系数越大.说明该消毒剂杀菌能力越强。

　　各种微生物对氧的需求是不同的,这反映出不同种类微生物细胞内生物氧化酶系统的差别。根据对氧的需求及耐受能力的不同,可将微生物分为 5 类。①好氧菌(aerobes):必须在有氧条件下生长,在高能分子如葡萄糖的氧化降解过程中需要氧作为氢受体。②微好氧菌(microaerobe):生长需要少量的氧,过量的氧常导致这类微生物的死亡。③兼性厌氧菌(facultative anaerobes):有氧及无氧条件下均能生长,倾向于以氧作为氢受体,在无氧条件下可利用 NO_3^- 或 SO_4^{2-} 作为最终氢受体;④专性厌氧菌(obligate anaerobes):必须在完全无氧的条件下生长繁殖,由于细胞内缺少超氧化物歧化酶和过氧化氢酶,氧的存在常导致有毒害作用的超氧化物及氧自由基(O_2^-)的产生,对这类微生物具致死作用;⑤耐氧厌氧菌(aerotolerant anaerobes):有氧及无氧条件下均能生长,与兼性厌氧菌的不同之处在于耐氧厌氧菌虽然不以氧作为最终氢受体,但由于细胞具有超氧化物歧化酶和(或)过氧化氢酶,在有氧的条件下也能生存。

　　本实验采用深层琼脂法来测定氧对不同类型微生物生长的影响,在葡萄糖牛肉育蛋白胨琼脂深层培养基试管中接入各类微生物,在适宜条件下培养后,观察生长状况。根据微生物在试管中的生长部位,判断各类微生物对氧的需求及耐受能力。

三、实验器材

　　培养皿、无菌滤纸片、试管、涂棒等。

四、实验试剂

　　1. 菌种:大肠杆菌、金黄色葡萄球菌、酿酒酵母、乳杆菌。

　　2. 培养基:牛肉膏蛋白胨琼脂培养基、牛肉膏蛋白胨液体培养基、葡萄糖牛肉膏蛋白胨琼脂培养基。

　　3. 溶液或试剂:2.5%碘酒、0.1%升汞、5%石炭酸、75%乙醇、100%乙醇、1%来苏尔、0.25%新洁尔灭、0.05%龙胆紫、0.005%龙胆紫、无菌生理盐水。

五、实验操作

A. 化学因素对微生物的影响

　　1. 将已灭菌并冷至50℃左右的牛肉膏蛋白胨琼脂培养基倒入无菌平皿中,水平放置待凝固。

　　2. 用无菌吸管吸取 0.2mL 培养 18h 的金黄色葡萄球菌菌液加入到上述平板中,用无菌三角涂棒涂布均匀。

　　3. 将已涂布好的平板底皿划分成 4～6 等份,每一等份内标明一种消毒剂的名称。

4. 用无菌镊子将已灭菌的小圆滤纸片（直径 5mm）分别浸入装有各种消毒剂溶液的试管中浸湿。注意取出滤纸片时保证滤纸片所含消毒剂溶液量基本一致，并在试管内壁沥去多余药液。无菌操作将滤纸片贴在平板相应区域，平板中间贴上浸有无菌生理盐水的滤纸片作为对照。

5. 将上述贴好滤纸片的含菌平板 37℃ 恒温培养，24h 后取出观察抑（杀）菌圈的大小。

B. 氧对微生物的影响

1. 在各类菌种斜面中加入 2mL 无菌生理盐水，制成菌悬液。

2. 将装有葡萄糖牛肉膏蛋白胨琼脂培养基的试管置于 100℃ 水浴中溶化并保温 5~10min。

3. 将试管取出置室温静置冷却至 45~50℃ 时，做好标记，无菌操作吸取 0.1mL 各类微生物菌悬液加入相应试管中，双手快速搓动试管，避免振荡使过多的空气混入培养基，待菌种均匀分布于培养基内后，将试管置于冰浴中，使琼脂迅速凝固。

4. 将上述试管置于 28℃ 恒温培养 48h 后开始连续进行观察，直至结果清晰为止。

【实验报告】

1. 比较各种化学消毒剂对金黄色葡萄球菌的抑制能力，将结果填入表 4-6。

表 4-6

消 毒 剂	抑菌圈直径/mm	消 毒 剂	抑菌圈直径/mm
2.5%碘酒		1%来苏尔	
0.1%升汞		0.25%新洁尔灭	
5%石炭酸		0.005%龙胆紫	
75%乙醇		0.05%龙胆紫	
100%乙醇			

2. 将微生物与氧气的关系实验结果记录于表 4-7，用文字描述其生长位置（表面生长、底部生长、接近表面生长、均匀生长、接近表面生长旺盛等），并确定该微生物的类型。

表 4-7

菌名	生长位置	类型	菌名	生长位置	类型

六、思考题

1. 含化学消毒剂的滤纸片周围形成的抑（杀）菌图表明该区域培养基中的原有细菌被杀死或被抑制而不能进行生长，你如何用实验证明抑（杀）菌圈的形成是由于化学消毒剂的抑菌作用还是杀菌作用？

2. 影响抑（杀）菌圈大小的因素有哪些？抑（杀）菌圈大小是否准确地反映出化学消毒剂抑（杀）菌能力的强弱？

3. 在你的实验中，75％和100％的乙醇对白色葡萄球菌的作用效果有何不同？你知道医院常用作消毒剂的乙醇浓度是多少吗？说明用此浓度乙醇的原因和机理。

第五章

分子生物学实验

实验一　植物基因组 DNA 的分离

一、目的要求

掌握 CTAB 法和尿素法提取植物基因组 DNA 的原理和方法。

二、实验原理

提取植物 DNA 是分子生物学实验的一个基本要求。不同的研究目的对 DNA 的纯度和量的要求不尽相同。例如,在构建用于筛选植物基因或其他诸如 RFLP 这样的遗传标记基因组 DNA 文库时,需要使用高相对分子质量、高纯度的 DNA;而在进行遗传分析时,对 DNA 的纯度要求就可以低一些。

一般而言,一个好的 DNA 分离程序应符合以下三个主要标准:①所得 DNA 的纯度应满足下游操作的要求,用于 RFLP 分析的 DNA,其纯度的要求为可用限制性内切酶完全酶解并可成功地转移到膜上进行 Southern 杂交;用于 PCR 分析的 DNA 则不应含干扰 PCR 反应的污染物。②所得 DNA 应当完整,电泳检查时可给出精确性高、重复性好的迁移带型。③所得的 DNA 应有足够的量。

如果对植物进行大规模筛选,还应当满足操作程序快速、简便,价格低廉,并尽可能避免使用有毒试剂这样的要求。

DNA 的提取程序应包括以下几项:

首先,必须粉碎(或消化)细胞壁以释放出细胞内容物。分离总基因组 DNA 常用的破壁方法是将植物组织胀水,然后研磨成细粉;或者将新鲜植物组织在干冰或液氮中快速冷冻后,用研钵将其磨成粉末从而破碎细胞。

其次,必须破坏细胞膜使 DNA 释放到提取缓冲液中,这一步骤通常靠诸如 SDS 或 CTAB 一类的去污剂来完成。去污剂还可以保护 DNA 免受内源核酸酶的降解。通常提取缓冲液中还包含 EDTA,它可以螯合大多数核酸酶所需的辅助因子——镁离子,抑制 DNA 酶的活性。尿素提取液也可以起到破坏细胞膜使 DNA 释放到提取缓冲液中的作用。利用 CTAB 法提取基因组 DNA,提取 DNA 效率高、质量好,但耗时较长;利用尿素提取法,提取 DNA 更加快速省时,可以常温操作,但提取 DNA 质量稍低。

最后,一旦 DNA 释放出来,其剪切破坏的程度必须要降到最低。剧烈振荡或 Tip 头小孔快速抽吸都会打断溶液中高相对分子质量的 DNA。

分离高相对分子质量的 DNA 还只是工作的一部分。因为在粗提物中往往含有大量 RNA、蛋白质、多糖等杂质,这些杂质有时很难从 DNA 中除去。大多数蛋白可通过氯仿或苯酚处理后变性、沉淀除去,绝大部分 RNA 则可通过经处理过的 RNase 除去。但多糖类杂质一般较难去除,这些杂质浓度高时,往往用一些 DNA 纯化试剂盒来进一步纯化 DNA。

三、实验器材

1.5mL 离心管、60℃水浴、37℃水浴、研钵、研棒、空气摇床、冷冻离心机、超净工作台、冰箱、去头的 10μL Tip、去头的 200μL Tip、吸水纸、液氮罐。

四、实验试剂

1. 1M Tris-HCl,pH8.0

Tris-HCl:121.1g	60.55g	
浓 HCl:42mL	21mL	
加 ddH$_2$O 至:1L	500mL	

→高压灭菌 15min

2. 0.5M EDTA Na$_2$ • 2H$_2$O,pH8.0

EDTA Na$_2$ • 2H$_2$O:186.1g	93.05g	55.83g
加 ddH$_2$O 至:1L	500mL	300mL

用 NaOH 调 pH8.0(约需 20g NaOH 颗粒)

→高压灭菌

3. 2×CTAB

40.9g NaCl;10gCTAB,50mL 1MTris-HCl(pH8.0)

20mL 0.5M EDTA(pH8.0)定容至 500mL,高压灭菌。

4. TE 缓冲液

1mol/L Tris-HCl 5mL + 0.5mol/L EDTA 1mL → 加 ddH$_2$O 定容至 500mL,高压灭菌。

5. 3mol/L NaAC(pH5.2)

在 200mL ddH$_2$O 中溶解 102g 三水乙酸钠,用冰乙酸调节 pH 至 5.2,加 ddH$_2$O 定容至 250mL,高压灭菌。

6. 0.2% 巯基乙醇

100mL ddH$_2$O 中加入 0.2mL 巯基乙醇。

7. 20×SSC

NaCl:175.3g	87.65g
柠檬酸钠:88.2g	44.1g
10N NaOH:数滴调 pH 7.0	
ddH$_2$O:1L	500mL

8. 10mg/mL RNaseA

取 10mg RNaseA 溶于 1mL 2×SSC(0.1mL 20×SSC 定容至 1mL)中,沸水煮 10min,冷却,分装-20℃保存。

9. 尿素提取液(pH 8.0)

7M 尿素,50mmol/L Tris-HCl,62.5mmol/L NaCl,10g/L SDS。

尿素:420g

Tris-HCl:6.057g

NaCl:3.66g

SDS:10g

加 ddH$_2$O 至:1L

→高压灭菌 15min

10. 其他:巯基乙醇、液氮、氯仿、冷异丙醇、苯酚-氯仿-异戊醇(25:24:1)、冷乙醇、Tris-HCl。

五、实验操作

A. CTAB 法

1. 向 10mL 离心管中加入 5mL 的 2×CTAB(十六烷基三乙基溴化铵),60℃保存预热,预热后加入 10μL 0.2% 的巯基乙醇,巯基乙醇的作用为抗氧化。

2. 用液氮将研棒、研钵预冷,将 0.5g 叶片放入研钵,捣碎成粉末,转移到第 1 步操作中的离心管中,轻轻转动离心管,使植物组织在提取缓冲中均匀分离,置于 60℃水浴摇床中保温 30min。

3. 加入等量 5mL 氯仿,于空气摇床中摇 15min,使管内混合物成乳浊液,此时蛋白质充分接触氯仿与核酸分开,室温 4000r/min 离心 15min 分相,含蛋白质胞碎片的有机相位于管的下面,上层为含核酸的水相。

4. 离心后,用去头的 Tip(怕破坏 DNA 长链)将上清液转移到新的离心管中,将 2/3 体积即 3.3mL 预冷的异丙醇与之缓慢混匀,20℃,8000r/min 离心 10mim,沉淀 DNA。

5. 移去上清液,干燥后(用无菌操作台通风干燥)加 1mL TE 溶解沉淀。

6. 加入 5μL RNaseA(10mg/mL)37℃保温 45min,以去除 DNA 中的 RNA。

7. 加入等体积(1mL)苯酚-氯仿-异戊醇(25∶24∶1),室温空气摇床缓缓混匀 10min,室温下 4000r/min 离心 10min,进一步去除蛋白质,用去头的 200μL Tip 将上清液转移到一支新的离心管中。

8. 加入 1/2 体积(0.5mL)苯酚-氯仿-异戊醇(25∶24∶1),摇床缓慢混匀 10min,4000r/min 离心 10min,将上清液转移到新的离心管中。

9. 加入等体积(0.8~1mL)氯仿,摇床摇匀 10min,4000r/min 离心 10min,将上清液移到新管中,这一步可除去水相中残留的酚。

10. 加入 1/10 体积(0.1mL)3mol/L NaAc,2.5 倍体积(2.5mL)冷乙醇,缓慢混匀,DNA 沉淀析出,4000r/min 离心 10min。

11. 弃去上清液,干燥 30~60min,加入 0.5~1mL TE,4℃溶解并保存。

B. 尿素法

1. 称 0.3g 甜菜叶片,去叶脉,将叶片放入预冷研钵中,加入液氮,用研钵将叶片研磨成粉末(越细越好),用预冷药勺将粉末加入 10mL 离心管中。

2. 取 5mL 尿素提取液加入第 1 步操作中的离心管中,缓慢摇匀 5min,加入 4mL 苯酚-氯仿-异戊醇,缓慢摇匀 2min,8000r/min 离心 5min。

3. 用去头的 Tip(怕破坏 DNA 长链)将上清液转移到新的 10mL 离心管中。

4. 加入等体积苯酚-氯仿-异戊醇(25∶24∶1),缓慢摇匀 2min,8000r/min 离心 5min。

5. 用去头的 Tip 将上清液转移到新的 10mL 离心管中,加入等体积氯仿,缓慢摇匀 2min,12 000r/min 离心 5min。

6. 用去头的 Tip 将上清液转移到新的 10mL 离心管中,加入等体积预冷异丙醇,1/10 体积 3mol/L NaAc,缓慢混匀,DNA 沉淀析出,8000r/min 离心 5min,沉淀 DNA。

7. 弃去上清液,加入 1mL 75%乙醇洗沉淀,8000r/min 离心 1min。

8. 弃去上清液,干燥至乙醇挥发完全,加入 40μL ddH₂O 溶解 DNA 沉淀,−20℃保存。

【注意事项】

1. CTAB 溶液在低于 15℃时会析出沉淀,因此在将其加入冷冻的植物材料中之前必须预热。

2. 在最适条件下,DNA-CTAB 沉淀呈白色纤维状,很容易一下子就从溶液中钩出。不过,某些植物种的 DNA 沉淀中可能含有杂质,特别是多糖,使 DNA 沉淀呈絮状或胶状,这种情况下可能需要稍事离心才能得到 DNA-CTAB 沉淀。

3. 饱和酚虽然可有效地使蛋白质变性,但酚不能完全抑制 RNA 酶的活性,而且酚可以溶解含 poly(A) 的 mRNA。如果用苯酚和氯仿的混合液,可减轻这两种现象,同时可加入适量的异戊醇(苯酚-氯仿-异戊醇,25∶24∶1),异戊醇的作用是消泡,并使蛋白质层紧密,使水相和有机相分层较好。

4. 交替使用酚和氯仿两种不同的蛋白质变性剂,可以增加去除蛋白质的效果。

六、思考题

1. 提取缓冲液中 CTAB 和 EDTA 的作用是什么?
2. 尿素提取液的作用是什么?
3. 怎样去除 DNA 杂质中的蛋白质和 RNA?
4. 纯化 DNA 步骤中,苯酚、氯仿、异戊醇各有什么作用? 为何交替使用?

实验二　RNA 的分离

一、目的要求

掌握 TRIzoL 试剂法提取 RNA 的原理和方法。

二、实验原理

在植物细胞中存在不同类型的 RNA。rRNA 占总 RNA 的 70%;tRNA 在细胞中的含量也较丰富(15%),mRNA 含量为细胞总 RNA 的 1%～5%,大多数真核细胞 mRNA 在其 3′端均有一多聚 A(Poly A)尾巴。

在进行 RNA 操作时,需要特别注意 RNA 被 RNA 酶降解。由于 RNA 酶存在于所有的生物中,并且是一种耐受性很强的酶,传统的高温灭菌的方法不能使之失活。RNA 酶的污染既可能源自内部,在植物的某些组织如根中 RNA 酶含量特别高;也可能源自外部,如玻璃器皿、缓冲液和操作者的皮肤。其中人的皮肤表面有大量的 RNA 酶。所以应尽可能在无 RNA 酶的环境下进行有关 RNA 操作。

焦碳酸二乙酯(DEPC)分子式为 C_2H_5—O—CO—O—CO—O—C_2H_5,是很

强的核酸酶抑制剂,与蛋白质中的组氨酸的咪唑环结合,会使蛋白质变性。因此凡是不能用高温烘烤的材料皆可用 DEPC 处理(0.1%溶液,浸泡过夜),然后再用应用 DEPC 处理过的水(DEPC-SDW)冲净。试剂亦可用 DEPC 处理(0.1%),再煮沸 15min 或高压以除去残存的 DEPC。否则,如不除尽 DEPC,它能使嘌呤羟甲基化从而破坏 mRNA 的活性。另外,注意配制含有 Tris 的试剂不能用 DEPC 处理,因为 DEPC 在 Tris 中会迅速分解。DEPC 可能是致癌物,应小心操作。

无 RNA 酶环境的具体措施如下:

1. 分离 RNA 以前,将所用玻璃制品及取样剪刀、镊子等置于烤箱在 300℃下烧烤 4h 或 180℃烘烤 8h 以灭菌。

2. 应用 DEPC 处理过的水(DEPC-SDW)进行溶液的配制,并高压灭菌 20min。DEPC 是 RNA 酶的强烈抑制剂。DEPC-SDW 配制如下:

1000mL 水中加入 1mL DEPC 原液,放于摇床上充分混匀室温过夜,然后高压灭菌 15min。

3. 所用的 Tip、离心管、PCR 管等塑料制品都用 0.1% DEPC-H_2O 处理:灌满 DEPC-H_2O,室温浸泡过夜,用 DEPC-SDW 冲洗,于 100℃干烤 15min 并高压灭菌 15min。

4. 人的汗液中含有 RNA 酶,故在所有步骤中均应戴手套并经常更换,通常使用的实验室设备诸如移液吸管等应浸泡于酒精中,使用前晾干。

总 RNA 提取采用一步法进行(TRIzol 试剂),试剂中有苯酚、异硫氰酸胍等物质,是由 Chomczyanski 和 Sacchi 发展的一种改进的提取 RNA 的方法。异硫氰酸胍是一种 RNA 酶最有效的抑制剂,具有破坏细胞结构、使核酸从核蛋白中解离的作用,并对 RNA 酶有强烈的变性作用。在进行样品均质化和溶解过程中,TRIzoL 试剂可以破碎细胞,破坏核蛋白复合体,使 RNA 顺利地解脱出来溶进缓冲液,同时 TRIzol 试剂可以保持 RNA 的完整性。由于 RNA 在碱性条件下不稳定,因而在整个提取 RNA 过程中体系始终保持酸性至中性,而在酸性条件下 DNA 极少发生解离,DNA 同蛋白质一起变性后被离心下来,这时溶液分为液体相和组织相,RNA 可以完整地保存在液体相中。在提取液体相后,加入异丙醇来沉淀 RNA,最后用 75%乙醇来洗 RNA。

三、实验器材

180℃烘箱、4℃离心机、玻璃研磨器、离心管、移液器、枪头、饭盒、滤纸、玻璃器皿、高压灭菌锅、纱布、一次性手套、水浴、旋涡振荡器、白瓷盘。

四、实验试剂

TRIzol 试剂、氯仿、异丙醇、75％乙醇(用 DEPC-SDW 配制)、DEPC-H$_2$O。

五、实验操作

1. 均质化及分相

(1) 玻璃研磨器中放 1mL TRIzol RNA 提取液。

(2) 放入 2～3 个黄豆新发出的约 1cm 的芽,冰上研磨至匀浆。

(3) 研磨液移入 1.5mL 离心管,室温放置 5min。

(4) 加入 0.2mL 氯仿,盖好盖,用手(或旋涡振荡器)剧烈振动 15s。

(5) 在室温下放置 2～3min。

(6) 4℃条件下 12 000g 离心 15min,离心管中共分三相,上层为 RNA 液体相,中层为 DNA 及碎破组织相,下层为酚-氯仿相。

(7) 上清液 RNA 液体相移入新的离心管中。

2. RNA 沉淀

(1) 与 0.5mL 的异丙醇混匀后,室温放置 10min(洗氯仿,沉淀 RNA)。

(2) 4℃条件下 12 000g 离心 10min。

3. 洗涤

(1) 倒掉上清液后加入 1mL 的 75％乙醇振荡洗 RNA(洗掉异丙醇)。

(2) 4℃条件下 7500g 离心 5min。

4. 重溶 RNA

(1) 去掉乙醇。

(2) 干燥 10min。

(3) 用 DEPC-SDW 50μL 溶解 RNA 沉淀,可在 55～60℃条件下温育 10min。

(4) 加入 3 倍体积无水乙醇(150μL)放入 −20℃ 短期保存或 −80℃ 长期保存。

六、思考题

1. TRIzol 试剂在实验中的作用是什么?

2. 实验过程中,加入氯仿后,溶液共分为哪三相?

3. 怎样达到尽可能的无 RNA 酶的环境?

实验三　DNA/RNA 的琼脂糖凝胶检测

一、目的要求

掌握 DNA/RNA 的琼脂糖凝胶检测的原理和方法。

二、实验原理

分离出细胞的总 RNA 或部分 RNA 之后,根据它们相应的迁移可以通过电泳分辨 RNA 分子,是检测 RNA 分子是否降解的关键一步。

电泳是现在用于分离和纯化 DNA/RNA 片段的最常用技术。当制备好一块"胶"即一块包含电解质的多孔支持介质并把它置于静电场中,DNA/RNA 分子将向阳极移动,这是因为 DNA/RNA 分子沿其双螺旋骨架两侧带有富含负电荷的磷酸根残基。当 DNA/RNA 长度增加时,来自电场的驱动力和来自凝胶的阻力之间的比率就会降低,不同长度的 DNA/RNA 片段就会出现不同的迁移率。因而就可依据 DNA/RNA 分子的大小使其分离。

依据制备凝胶的材料,凝胶电泳可分成两个亚类:琼脂糖凝胶电泳和聚丙烯酰胺凝胶电泳。聚丙烯酰胺分离小片段 DNA/RNA(5～500bp)效果最好,其分辨力极高,相差 1bp 的 DNA 片段就能分开,其不足之处为制备和操作较为困难。琼脂糖凝胶的分辨能力要比聚丙烯酰胺凝胶低,但其分离范围较广。用各种浓度的琼脂糖凝胶可以分离长度为 200bp 至近 50kb 的 DNA/RNA 片段。

以下介绍进行琼脂糖凝胶电泳中涉及的各种试剂。

1. 琼脂糖浓度

采用不同浓度的凝胶有可能分辨范围广泛的 DNA 分子,见表 5-1。

表 5-1　含不同量琼脂糖的凝胶的分离范围

凝胶中的琼脂糖含量/%(W/V)	DNA/RNA 分子的分离范围/kb
0.3	5～60
0.6	1～20
0.7	0.8～10
0.9	0.5～7
1.2	0.4～6
1.5	0.2～3
2.0	0.1～2

2. EB 染料的存在

溴化乙锭（EB）是一种吖啶类染料，它在紫外灯照射下能发射荧光，当 DNA 样品在琼脂糖凝胶中电泳时，琼脂糖凝胶中的 EB 就插入 DNA 分子中形成荧光络合物，使 DNA 发射的荧光增强几十倍，电泳后就可直接在紫外灯照射下检测琼脂糖中的 DNA。

3. 电泳缓冲液的组成

有几种不同的缓冲液可用于电泳，分别为 Tris-乙酸（TAE）、Tris-硼酸（TBE）或 Tris-磷酸（TPE），其浓度约为 50mmol/L，pH 为 7.5～7.8，这些缓冲液均含有 EDTA。这些缓冲液通常配制成浓缩液，储存于室温，见表 5-2。

表 5-2　常用的电泳缓冲液的配制

缓冲液	使用液	浓储存液/L
Tris-乙酸（TAE）	1×：0.04mol/L Tris-乙酸 0.001mol/L EDTA	50×：242g Tris 碱 57.7mL 冰乙酸 100mL 0.5mol/L EDTA(pH8.0)
Tris-磷酸（TPE）	1×：0.09mol/L Tris-磷酸 0.002mol/L EDTA	10×：108g Tris 碱 15.5mL 85％磷酸 40mL 0.5mol/L EDTA (pH8.0)
Tris-硼酸（TBE）	0.5×：0.045mol/L Tris-硼酸 0.001mol/L EDTA	5×：54g Tris 碱 27.5g 硼酸 20mL 0.5mol/L EDTA(pH8.0)

4. 加样缓冲液的组成

加样缓冲液可以增大样品密度，以确保 DNA 均匀进入样品孔内，还可以使样品呈现颜色，从而使加样操作更为便利。溴酚蓝在琼脂糖凝胶中移动的速率约为二甲苯青 FF 的 2.2 倍，溴酚蓝在琼脂糖凝胶中移动的速率约与长 300bp 的双链线性 DNA 相同，而二甲苯青 FF 在琼脂糖凝胶中移动的速率则与 4kb 双链线性 DNA 相同，选用哪一种加样缓冲液纯属个人喜恶。常用的加样缓冲液的配制见表 5-3。

表 5-3　常用的加样缓冲液的配制

缓冲液类型	6×缓冲液	储存温度/℃
Ⅰ	0.25％溴酚蓝 0.25％二甲苯青 FF 40％(W/V)蔗糖水溶液	4
Ⅱ	0.25％溴酚蓝 0.25％二甲苯青 FF 15％聚蔗糖水溶液	室温

缓冲液类型	6×缓冲液	储存温度/℃
Ⅲ	0.25％溴酚蓝 0.25％二甲苯青 FF 30％甘油水溶液	4
Ⅳ	0.25％溴酚蓝 40％(W/V)蔗糖水溶液	4
Ⅴ （碱性加样缓冲液）	300mmol/L NaOH 6mmol/L EDTA 18％聚蔗糖水溶液 0.15％溴甲酚绿 0.25％二甲苯青 FF	4

5. DNA 片段长度标记

DNA 片段长度标记通常叫做 DNA Marker,本实验使用 DL2000 为 DNA 片段长度标记,分别由 100bp、250bp、500bp、750bp、1000bp、2000bpDNA 片段组成,DNA Marker 不仅可以作为凝胶中 DNA 片段长度的一个标记,还可以作为电泳的对照。

三、实验器材

电泳仪、电泳槽、紫外观测仪或紫外灯、天平、磁力搅拌器、酸度计、各种玻璃器皿(烧杯、容量瓶及广口瓶,各种规格)、紫外防护镜、微量移液器。

四、实验试剂

1. 6×Loading Buffer(加样缓冲液)。

2. 琼脂糖。

3. TAE,50×浓缩储存液:Tris 242g,冰乙酸 57.1mL,100mL 0.5mol/L EDTA,pH 8.0,加 600mL ddH$_2$O 剧烈搅拌,定容至 1000mL。

4. 0.5mol/L EDTA(pH 8.0):在 800mL 水中加入 186.1g EDTA-Na$_2$·2H$_2$O,在磁力搅拌器上剧烈搅拌,用 NaOH 调节溶液的 pH 值至 8.0(EDTA-Na$_2$·2H$_2$O 在溶液 pH 值接近 8.0 时才能完全溶解),然后定容至 1L,分装后高压灭菌备用。

5. 溴化乙锭储存液(10mg/mL):在 100mL ddH$_2$O 中加入 1g 溴化乙锭,用磁力搅拌器搅拌几个小时,然后转移至棕色瓶中,4℃储存。

五、实验操作

以 RNA 的琼脂糖凝胶电泳为例进行说明。

1. 50×TAE 的稀释。如制备 50mL 1×TAE,取 1mL 50×TAE 加入 49mL 水定容至 50mL。

2. 制备 1%的琼脂糖胶液。取 0.2g 琼脂糖溶于 20mL TAE 中,在短时间里加热琼脂糖全部熔化,使溶液冷却至 60℃,加入浓度为 10mg/mL 的 EB 2μL,使 EB 的终浓度为 1μg/mL。

3. 用于 RNA 电泳的电泳槽用去污剂洗干净,再用水冲洗,用乙醇干燥后灌满 3%的 H_2O_2 溶液,于室温放置 10min,然后用 DEPC-SDW 冲洗电泳槽,梳子同样处理。

4. 用胶带封住胶床,放好梳子。

5. 将温热琼脂糖倒入胶床中,凝胶的厚度在 3~5mm 之间,凝固 20~60min。

6. 在凝胶完全凝固之后,小心移去梳子和胶带,将胶床放在电泳槽内,加样孔一侧靠近阴极(黑极)。

7. 向电泳槽中注入适量的 TAE 缓冲液,通常缓冲液高于胶面 1cm。

8. 分别将 RNA 样品与加样缓冲液混合(10μL RNA 样品+2μL 6×加样缓冲液),用移液枪将 12μL 样品加入加样孔。

9. 正确连接电泳槽和电源,设定稳压为 100V,电流一般为 75mA。

10. 电泳结束后,在紫外观测仪上进行观察,可以看到提取完整的 RNA 共有三条带,分别是 5kb 的 28S rRNA,2kb 18S rRNA 及 0.1~0.3kb 的 5S rRNA 及 tRNA,可以看到 28S rRNA 的含量约为 18S rRNA 含量的 2 倍,说明总 RNA 完整性良好,无降解。

六、思考题

1. 加样缓冲液的作用是什么?
2. 琼脂糖中加入 EB 的作用是什么?
3. 电泳时,为什么 DNA/RNA 分子将向阳极移动?

实验四　DNA/RNA 浓度、纯度的测定及浓度的调整

一、目的要求

掌握利用紫外分光光度计测定 DNA/RNA 浓度、纯度的原理及方法。

二、实验原理

在分子生物学实验中,提取 DNA 或 RNA 后,往往需要测定其纯度和浓度,在纯度达到标准、浓度调整到所需浓度后,才能进行下一步实验。

有条件的实验室,利用 DNA/RNA 计算器,能够很方便、很迅速地测定 DNA/RNA 浓度和纯度,但 DNA/RNA 计算器往往很昂贵。一般实验室常利用紫外分光光度计来测定 DNA/RNA 的浓度。

1. 对于 DNA,根据其在 260nm、280nm、310nm 下的紫外吸收值 A_{260}、A_{280}、A_{310},可确定其纯度和浓度。

　　对于 dsDNA：$1.0\ A_{260}=50\mu g/mL$

　　　　ssDNA：$1.0\ A_{260}=33\mu g/mL$

纯 DNA 溶液的 $A_{260/280}$ 应为 1.8 ± 0.1,高于 1.8 则可能有 RNA 污染,低于 1.8 则有蛋白质污染。A_{310} 值是背景,若盐浓度较高,A_{310} 值也高。

2. 对于 RNA,根据其在 230nm、260nm、280nm 下的紫外吸收值 A_{230}、A_{260}、A_{280},可确定其纯度和浓度。

$1.0\ A_{260}=40\mu g/mL$

纯 RNA 溶液的 $A_{260/280}$ 应为 2.0 ± 0.1。如果 $A_{260/280}$ 比值太小,说明可能 RNA 样品中污染了蛋白或苯酚。A_{260}/A_{230} 的比值应该大于 2.0,否则就可能被异硫氰酸胍(TRIzol 试剂成分)污染了。

三、实验器材

离心机、微量移液枪、紫外分光光度计。

四、实验试剂

100％乙醇、DEPC-SDW、ddH₂O。

五、实验操作

以 RNA 为例进行说明。

1. 测定前,石英比色皿须用 100％乙醇浸泡 1h,随后用 DEPC-SDW 彻底冲洗。

2. 用 DEPC-SDW 对待测样品 RNA 做 1：200 倍数稀释($15\mu L$ 样品加入 $2985\mu L$ DEPC-SDW)。

3. 分别测定样品的 A_{260}、A_{280} 及 A_{230}。

4. 分别计算样品 A_{260}/A_{280} 及 A_{260}/A_{230} 的比值。

六、思考题

1. 怎样确定 DNA 或 RNA 溶液的纯度？

2. 根据你所测得的 DNA 的浓度，试计算如果把溶液浓度调节到 $1\mu g/\mu L$ 应向溶液中加入多少微升的水。

实验五　聚合酶链式反应（PCR）

一、目的要求

掌握聚合酶链式反应（PCR）的原理和方法。

二、实验原理

聚合酶链式反应（polymerase chain reaction，PCR）是一项体外特异扩增特定 DNA 片段的核酸合成技术，这项技术是分子生物学研究领域的一次创举。

PCR 通常需要两个位于待扩增片段两侧的寡聚核苷酸引物，这些引物分别

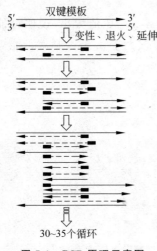

图 5-1　PCR 原理示意图

与待扩增片段的两条链互补并定向，使两引物之间的区域得以通过聚合酶而扩增，见图 5-1。反应过程为首先必须使得待扩增 DNA（称为模板）置于高温下解链成单链模板，这一过程叫变性；第二步为分别与待扩增的 DNA 片段两条链的 3′ 端互补的人工合成的寡聚核苷酸引物（Primer 15～20bp）在低温条件下分别与模板两条链两侧互补结合，这一过程叫退火；第三步是 DNA 聚合酶在适当温度下将脱氧核苷酸（dNTP：dATP，dCTP，dTTP，dGTP）沿引物 5′-3′ 方向延伸合成新股 DNA，这一过程叫延伸。变性—退火—延伸，如此循环往复，每一循环产生的新股 DNA 均能成为下一次循环的模板，故 PCR 产物是以指数方式即 2^n 扩增的，经过 30～35 个循环，目的片段可以扩增到一百万倍，在一般 PCR 仪上，完成这样的反应需几个小时。PCR 原理示意图见图 5-1。

三、实验器材

微量移液枪、微量移液枪头、PCR 管、PCR 仪、离心机、离心管、玻璃器皿。

四、实验试剂

引物（Primer，$10\mu mol/L$）、dNTP（$2.5mmol/L$）、模板 DNA（$1\mu g/\mu L$）、ExTaq 酶（$5U/\mu L$）、$10\times$PCR Buffer（Mg^{2+}）。

五、实验操作

1. 在冰上，建立如下 PCR 反应体系，在 PCR 管内分别加入：

模板 DNA（$1\mu g/\mu L$）	$1.0\mu L$
$10\times$PCR Buffer（Mg^{2+}）	$2.5\mu L$
Primer 1（$10\mu mol/L$）	$1.0\mu L$
Primer 2（$10\mu mol/L$）	$1.0\mu L$
dNTP（$2.5mmol/L$）	$1.5\mu L$
ddH$_2$O	$17.8\mu L$
ExTaq 酶（$5U/\mu L$）	$0.2\mu L$
总体积	$25.0\mu L$

上下吸打混匀，离心收集。

2. 将 PCR 管放入 PCR 仪中，按以下程序操作。

（1）94℃预变性 2min（开始时模板 DNA 变性要适当延长）。

（2）94℃变性 30s→68℃退火 1.5min→72℃延伸 2min，25 个循环。

（3）72℃延伸 7min（最后一次延伸的时间也要适当延长）。

（4）4℃储存。

3. 取 $5\mu L$ 反应产物进行 1%琼脂糖凝胶电泳检测。

六、思考题

1. PCR 的反应原理是什么？
2. PCR 反应体系包括哪些成分？

实验六　随机扩增多态性 DNA 反应（RAPD）

一、目的要求

掌握随机扩增多态性 DNA 反应（RAPD）的原理和方法。

二、实验原理

遗传标记（genetic markers）是研究生物遗传变异规律及其物质基础的重要

手段。其方法主要有 4 种类型,即形态标记(morphological markers)、细胞学标记(cytological markers)、生化标记(biochemecal markers)和分子标记(molecular markers)。与前三种标记相比,分子标记具有以下优越性:①直接以核酸作为研究对象,在植物体的各个组织、各个发育时期均可检测,不受季节、环境限制,与发育时期无关,可用于植物基因型的早期选择。②标记数量极多,遍及整个基因组。③多态性高,由于自然存在着许多等位变异,不需专门创造特殊的遗传材料。④由许多分子标记表现为共显性(codominance),能够鉴别出纯合基因型与杂合基因型,可提供完整的遗传信息。

目前,常用的分子标记技术主要有限制性长度片段多态性(restriction fragment length polymorphism,RFLP)、随机扩增多态性 DNA(random amplified polymorphic DNA,RAPD)、扩增片段长度多态性(amplified fragment length polymorphism,AFLP)、简单重复序列(simple sequence repeats,SSR)、染色体或基因组原位杂交(genomic in situ hybridization,GISH)、mRNA 差别显示(mRNA differential display,mRNA-DD)、抑制消减杂交法(suppression subtractive hybridization,SSH)、消减杂交法(subtractive hybridization,SH)、代表性差异分析法(representation difference analysis,RDA)、任意引物 PCR(arbitrary-primer PCR,AP-PCR)、DNA 扩增指纹(DNA amplified fingerprinting,DAF)、单引物扩增反应(single primer amplification reaction,SPAR)、顺序表达位点扩增(sequenced characteried amplified region,SCAR)、加锚微卫星寡核苷酸(anchored microsatellite oligonucleotide,AMO)、单核苷酸多态性(single nucleotide polymorphism,SNP)、序列标签位点(sequence-tagged site,STS)等。

RAPD 技术建立于 PCR 技术基础上,它是利用一系列(通常数百个)不同的随机排列碱基顺序的寡聚核苷酸单链(通常为十聚体)为引物,模板在 92～94℃ 变性解链后,如果双链 DNA 分子在一定长度内具有反向平行又与引物互补的片段,引物的位置是在彼此可扩增的距离内(引物间距为 200～2000bp),那么不连续的分子量为 200～2000bp 的 DNA 片段就会通过 PCR 产生。高温变性、低温退火、适度延伸,如此往复循环,经过 30～40 个循环,产物即可扩增到百万倍以上。如此高产的 DNA 片段经电泳分离和 EB 染色后,直接在紫外观察和照相。RAPD 原理示意图见图 5-2。

RAPD 技术简单、容易掌握,在短期内可获得大量的遗传标记。这些优点逐渐被人们接受后,使得其发展迅速,短短三年中应用于生物学的诸多领域,如遗传指纹作图、检测遗传多样性与稳定性(品种鉴定、物种起源与进化)等。

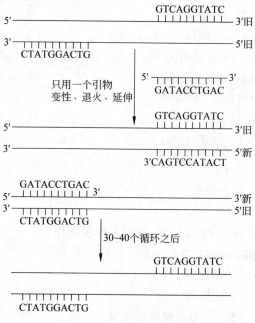

图 5-2　RAPD 原理示意图

三、实验器材

PCR 仪、微量移液器、离心机、紫外分析仪、电泳装置、PCR 管、无菌 Tip 头、玻璃器皿等。

四、实验试剂

10× PCR Buffer（Mg²⁺ free）、模板 DNA、dNTP（2.5mmol/L）、MgCl₂（25mmol/L）、Random Primer（20μmol/L）、Ex*Taq* 酶（5U/μL）。

五、实验操作

1. DNA 的提取

同第五章实验一。

2. 纯度检测及浓度调整

同第五章实验四。

3. RAPD 操作程序

（1）反应体系的制备

冰上建立如下反应体系，夹取一支 PCR 管，分别加入下列成分：

模板 DNA(1μg/μL)	2.0μL
Random Primer(20μmol/L)	1.2μL
10×PCR Buffer(Mg^{2+} free)	2.0μL
MgCl$_2$(25mmol/L)	2.0μL
dNTP(2.5mmol/L)	1.6μL
ddH$_2$O	10.7μL
ExTaq 酶(5U/μL)	0.5μL
总体积	20.0μL

上下吸打混匀,离心收集。

（2）扩增程序

然后将 PCR 管放入 PCR 仪中,按如下程序操作:

94℃,预变性 5min;94℃变性 1min,37℃退火 1min,72℃延伸 2min,40 个循环;72℃延伸 7min,4℃保存。

（3）琼脂糖凝胶电泳检测

方法同第五章实验三,琼脂糖凝胶浓度为 2%。

六、思考题

1. 试述 RAPD 技术与 PCR 技术的区别。

2. 为什么 RAPD 技术重复性较差?

实验七　甜菜 M14 品系 AFLP 分析

一、目的要求

掌握 AFLP 分子标记技术分析甜菜 M14 品系多态性的原理和方法。

二、实验原理

1. 甜菜 M14 品系

甜菜是我国东北地区主要经济作物之一。野生白花甜菜(*Beta corolliflora Zoss.*)具有抗旱、抗霜、耐盐、耐寒及无融合生殖等优良特性。郭德栋教授等前期将四倍体野生白花甜菜和二倍体栽培甜菜(*B. vulgaris L.*)种间杂交,获得异源三倍体,进一步用栽培甜菜回交,筛选出了在栽培甜菜染色体组基础上附加了白花甜菜第 9 号染色体的单体附加系 M14 品系。研究证实甜菜 M14 品系具备野生白花甜菜的一些优良特性,如抗逆性强、无融合生殖等。推测可能是白花甜菜第 9 号染色体的导入使 M14 品系具有野生种的一些优良基因资源。M14 品系是研究农作物抗逆机制、挖掘优质基因及蛋白质资源和种质创新极其难得的材料。

近年来,李海英教授课题组对甜菜 M14 品系进行了深入研究,构建了甜菜 M14 品系 BIBAC 文库和 cDNA 文库,并通过抑制消减杂交以及 mRNA 差异显示技术得到了甜菜 M14 品系花期特异表达 ESTs 共 298 个,利用 RACE 技术获得特异表达基因全长 12 个,并对相关基因进行了分子生物学研究。建立了稳定的适合甜菜 M14 品系基因组 DNA 的 AFLP 反应体系,并以甜菜 M14 为实验材料,以二倍体栽培甜菜为对照材料,筛选到两个由 AFLP 引物组合扩增出的特异性 DNA 片段可以区分 M14 和二倍体栽培甜菜的分子标记。

本实验是从科研成果转化到实验教学中的内容,对甜菜 M14 品系进行 AFLP 分析,可以使学生更好地掌握 AFLP 分子标记技术。

2. 基因组 DNA 限制性核酸内切酶酶切

在基因工程技术中,酶切反应为一个关键性的操作过程,选择合适的限制性内切酶,将载体切成符合要求的片段,以便于外源基因的插入。核酸内切酶就是从 DNA 链的内部进行切割的酶。核酸内切酶分为两类,一类称为非限制性内切酶,另一类称为限制性内切酶。非限制性内切酶就是指那些不识别特定的 DNA 序列进行切割的内切酶,如脱氧核糖核酸酶Ⅰ(DNase Ⅰ),是从牛的胰腺中提取出来的内切酶,DNase Ⅰ对单、双链 DNA 都很敏感。它可以在 DNA 链内的任意位置切断磷酸二酯键,没有特定的识别序列。一般来说,经 DNase Ⅰ 酶解处理过的 DNA 体系中最终只会剩下被降解下来的单核苷酸和很短的寡聚核苷酸链。

限制性内切酶则与非限制性内切酶相反。它们都能识别一定的 DNA 序列,在一定的条件下切断 DNA 链。限制性内切酶分为三种类型。类型Ⅰ限制性内切酶识别的 DNA 序列长约十几个核苷酸,或甲基化,或在离该识别序列一端约 1000bp 的位置上切割 DNA,类型Ⅰ限制性内切酶只特定地识别 DNA 序列,而切割位点却不特定。类型Ⅲ限制性内切酶与类型Ⅰ限制性内切酶有些不同,它也可识别特定的 DNA 序列,但它切割 DNA 的位点,往往在识别结合位点很相邻的位置上而不是 1000bp 那么远;尽管如此,它的切割位点仍旧不特异。因而Ⅰ型限制性内切酶与Ⅲ型限制性内切酶在基因操作技术中的应用前景并不广泛。类型Ⅱ限制性内切酶不但能特异识别 DNA 序列,而且识别的 DNA 序列与酶切割 DNA 的位置是一致的,它避免了酶切末端的不确定性和可重复性,因而在基因重组技术中有广泛使用。大多数的限制性内切酶并不是在 DNA 两条链的同一个位置切断的,而是两条链错开两至四个核苷酸断裂,这样产生的

DNA 末端会带有 5′ 突出或是 3′ 突出的 DNA 单链,这种末端称为粘性末端。

通常根据操作目的的不同而选择不同的酶切方式,如单酶切、双酶切、部分酶切等。单酶切是 DNA 片段化最常用的方法,用一种限制性核酸内切酶切割 DNA 样品。而双酶切的两种限制性核酸内切酶可以先后分别在不同的反应系统中切割 DNA 样品。采用这种方法,应先用需要较低盐浓度缓冲液的酶进行切割,然后调节缓冲液的盐浓度,再加入需要较高盐浓度缓冲液的酶进行切割。如果两种限制性核酸内切酶的最适反应温度不同,则应先用最适反应温度较低的酶进行切割,升温后再加入第二种酶进行切割。若两种限制性核酸内切酶的反应系统相差很大,会明显影响双酶切结果,则可以在第一种酶切割后,经过凝胶电泳回收需要的 DNA 片段,再选用合适的反应系统,进行第二种限制性核酸内切酶的切割。

3. 粘性末端的连接

在细胞中,行使连接功能的是连接酶(ligase),这是一类很特殊的酶,它催化 DNA 或 RNA 相邻的 5′ 磷酸基和 3′ 羟基末端之间形成磷酸二酯键,使 DNA 单链缺口封合起来。常用的连接酶主要有 DNA 连接酶和 RNA 连接酶,其主要作用为间断修复功能和连接功能。

理论上讲,连接反应的最佳温度是 37℃,因为在 37℃ 时连接酶的活性最高,但在实际实验中,37℃ 时粘性末端 DNA 分子形成的配对结构极不稳定,因此,人们需要找到一个最适温度,它既要利于最大限度地发挥连接酶的活性,又要有助于短暂配对结构的稳定。目前,常用的连接温度为 12～16℃。

由于粘性末端比平末端具有更高的连接效率,因此,在做 DNA 重组连接实验过程中,人们往往优先选择粘性末端连接。但实际上,并不是所有的连接都已具备了合适的粘性末端,例如,大多数情况下一个是粘性末端分子,另一个是平末端 DNA,或是两个分子分别具有不同的粘性末端等。在这些情况下,人们可以采用衔接体(linker)技术、接合体(adaptor)技术和同聚体(homo polymer)加尾技术等。

4. 选择性 PCR 扩增

其原理与标准的 PCR 完全相同,区别仅在于 PCR 所用引物不同。标准 PCR 的引物为已知序列互补的核苷酸顺序,而选择性扩增中,针对中间未知的核苷酸顺序人为地在已知顺序引物的后面随机加上 1～3 个碱基(要保证一定的 GC 含量),这样只有与随机的三个碱基互补配对的片段才可能从大量的片段中被扩增出来,因而可根据选择性碱基的数目来控制扩增片段的多少,达到选择性的目的。

引物的组成:①核心碱基序列,该序列与人工接头互补;②限制性内切酶识别序列；③引物 3' 端选择碱基。

5. 聚丙烯酰胺凝胶电泳

常用聚丙烯酰胺凝胶有以下两种。

(1) 用于分离和纯化双链 DNA 片段的非变性聚丙烯酰胺凝胶

大多数双链 DNA 在非变性聚丙烯酰胺凝胶中的迁移速率大略与其大小的对数值成反比，但迁移率也受其碱基组成和序列的影响，以致大小完全相同的 DNA 其迁移率可相差达 10%，这种作用是由于双链 DNA 在特定序列上形成扭结而造成的。

(2) 用于分离、纯化单链 DNA 的变性聚丙烯酰胺凝胶

这些凝胶在一种可以抑制核酸中的碱基配对的试剂(如尿素或甲醛)存在下聚合，变性 DNA 在这些凝胶中的迁移速率几乎与其碱基组成及序列完全无关。放射性 DNA 探针的分离、S_1 核酸酶消化产物的分析及 DNA 测序反应产物的分析，均采用变性聚丙烯酰胺凝胶。

6. AFLP 技术

(1) AFLP 技术的优点

理论上由于 AFLP 采用的限制性内切酶和选择性碱基的种类、数目较多，所以 AFLP 可产生的标记数目是无限的；基因型的 AFLP 分析，每次反应产物经非变性 PAGE 电泳检测到的谱带数在 50～100 条之间，所以该技术是 DNA 多态性检测的一项非常有用的技术；AFLP 标记是典型的孟德尔方式遗传；AFLP 分析的大多数扩增片段与基因组的单一位置相对应，因此 AFLP 标记可以用于作为遗传图谱和物理图谱的位标；AFLP 既可以用于分析不同复杂程度的基因组 DNA，也可用于分析克隆的 DNA 大片段，因此它不仅是一种 DNA 指纹技术，也是基因组研究的一个非常有用的工具；DNA 的随机扩增受模板浓度的影响较大，而 AFLP 的一个重要特点是对模板浓度变化不够敏感。Vos 等人在对西红柿的 AFLP 分析过程中发现模板浓度相差 1000 倍的范围内，得到的结果基本一致。只是模板浓度很低时，谱带较弱，甚至有缺失。AFLP 技术另一个重要特点是，在反应过程中，标记的引物会全部耗尽，当引物耗尽后，扩增带型将不受循环数的影响。由于 AFLP 对模板浓度不敏感，这样利用过剩的循环数，即使模板浓度存在一些差异，也会得到强度一致的谱带。因此 AFLP 技术能够检测谱带强度的多态性。

(2) AFLP 与其他分子标记技术的比较

每一种分子标记都具有其优点和缺点。对于相同的材料，用不同的分子标记揭示的多态性是存在差异的，一般 AFLP 的多态性比率最大，RFLP、RAPD 次之。Wang 等在对水稻温敏不育等位系的研究中报道，三种分子标记的多态

性比率依次为 AFLP＞RAPD＞RFLP(分别为 26.67%、4.00%、1.67%)。同时
Lin 等在大豆的分析中同样证明 AFLP 的多态性最高。

　　与其他分子标记相比,AFLP 的特点主要表现在它结合了 RFLP 及 RAPD
各自的优点,方便快速,只需要极少量 DNA 材料,不需要 Southern 杂交,不需要
预先知道 DNA 的顺序信息,试验结果稳定可靠,可以快速获得大量的信息;而
且再现性高,重复性好,因而非常适合于品种指纹图谱的绘制、遗传连锁图的构
建及遗传多样性的研究。在一些多态性很少而且待测样品较少的情况下,用
AFLP 分析能达到满意的结果。对高密度基因图谱的绘制或对某个基因所在区
域的精细作图,AFLP 是较为理想的方法。AFLP 所产生的多态性远远超过了
RFLP、RAPD 等,目前被认为是 DNA 指纹图谱技术中多态性最为丰富的一项
技术。AFLP、RAPD、RFLP 三种分子标记技术特性的比较见表 5-4。

表 5-4　AFLP、RAPD、RFLP 三种分子标记技术特性

特　　　性	RFLP	RAPD	AFLP
分布	普遍	普遍	普遍
可靠性	高	中等	高
重复性	高	中等	高
遗传性	共显性	显性	显性或共显性
多态性	中等	高	非常高
DNA 需求/ng	2～30	1～100	100
放射性	一般有	无	有或无
技术难度	中等	简单	中等
样品生产率	中低	高	非常高
时间因素	长	快	中等

　　(3) AFLP 技术的应用

　　AFLP 技术诞生以来,已广泛地用于生物的基因组分析,如植物的抗性基因
定位及染色体作图、病原菌的亲缘关系分析等。由于它对基因组的微小变化具
有较好的分辨能力,因而它也被广泛地用于同一病原真菌的营养体的亲和群及
病菌的无毒基因与病菌的毒性分析。

　　① AFLP 技术用于细菌的分类和鉴定的研究

　　ALFP 的可重复性比 RAPD 要强,在细菌分类方面的适用范围与 RAPD、
RFLP 和细菌可溶性蛋白质谱相似。但 AFLP 综合了以上各方法的优点,分辨
率仅低于全基因组序列分析,稳定性强,可提供更为丰富的分类信息。

　　② AFLP 技术用于真菌分类研究

　　AFLP 是一种强有力地表示真菌分子特征的新技术,其操作过程方便,区分鉴

定结果可靠。该技术在病原真菌方面的应用已十分引人注目,已发展出一些实用的程序来区别一些特殊菌株,用于分型、鉴定并研究其亲缘关系。它可以分析其不同种属间的差别,甚至还可以揭示种内不同菌株间的细微差异,从而弥补了表型分型的不足,可以更为精确地分析致病真菌本质上的差异。该技术被应用于镰刀菌(fusarmiu graminearum)不同来源分离株的鉴定和区别,得到了良好结果。

（4）AFLP 的步骤

1991 年,Gustava 等人用非常短的 5 个碱基、8 个碱基及 10 个碱基的寡核苷酸片段作引物,随机扩增人、动物、植物、真菌、细菌以及病毒 DNA 获得成功,他们称之为扩增片段长度多态性(amplification fragment length polymorphisms,AFLP)。1992 年由 Zabeau 和 Vos 创立的 AFLP 技术与前述内容大不相同,该方法结合了RFLP(restriction fragment length polymorphisms)技术和 RAPD 技术的特点,使用人工接头(adaptor)与限制性内切酶酶切的基因组 DNA 片段连接并以此为 DNA模板,合成系列 3′末端随机变化数个碱基且与人工接头序列相互补的 PCR 引物,来进行 PCR 特异条件扩增,经电泳检测后可获得 DNA 指纹图谱。

首先对基因组 DNA 进行 Pst I 酶切,然后加入人工接头,用 T₄ 连接酶进行连接,然后进行选择性 PCR 扩增,最后将产物进行聚丙烯酰胺凝胶电泳检测。

基因组 DNA

CTGCAGNNNN...↓NNNNCTGCAG...

GACGTCNNNN...NNNNGACGTC　Pst I 酶切

GNNNN...↓NNNNCTGCA

ACGTCNNNN...NNNNG

↓加入人工接头

5′-CTCGTAGACTGCGTACATGCA-3′

3′-CATCTGACGCATGT -5′

↓T₄ 连接酶连接

CTCGTAGACTGCGTACATGCA GNNNN...NNNNCTGCA

CATCTGACGCATGT ACGTCNNNN...NNNNG

↓选择性引物 PCR 扩增

CTCGTAGACTGCGTACATGCA GNNNN...NNNNCTGCA

CATCTGACGCATGT ACGTCNNNN...NNNNG

Ps1-GACTGCGTACATGCAGACC

Ps2-GACTGCGTACATGCAGCTG

↓

凝胶检测

① 基因组 DNA 限制性核酸内切酶酶切

限制性内切酶的作用效率是受多方面因素影响的,如反应温度、缓冲体系、离子种类与浓度、DNA 的纯度、DNA 分子的甲基化程度等。限制性内切酶的反应缓冲液中一般含有 $MgCl_2$、NaCl 或 KCl、Tirs-HCl、二硫苏糖醇(DTT)或 β-巯基乙醇,有的还含有牛血清蛋白(BAS)。Mg^{2+} 是限制性内切酶的辅助因子,Tris-HCl 保持整个反应体系的 pH;不同的酶对于 Na^+ 或 K^+ 有不同的要求,DTT 和 β-巯基乙醇有助于酶在体系中的稳定。

DNA 的纯度对于酶切效果影响很大,因为蛋白质、酚、氯仿、SDS 等杂质污染 DNA 以后,能直接抑制酶的活性。在实验时,为了克服这些杂质的影响,采取的措施或者是延长反应时间,或是增加酶量,也可以既增加酶量,又延长反应时间以取得好的反应效果。

不同的限制性内切酶,其最适反应温度也可能不同,内切酶标准反应温度为 37℃,但也有许多例外,如 *Sma* I 的最适反应温度为 25℃,*Taq* I 的最适反应温度为 65℃。内切酶的活性定义:在 $50\mu L$ 反应液中,适宜的温度下反应 1h,将 $1\mu g$ 的 λDNA 完全分解的酶量定义为 1 个活性单位。

限制性内切酶的储存液通常含有 50% 的甘油,而甘油在反应体系中超过 5% 时,就会影响酶切的特异性,因此酶切反应时加入酶的体积不应超过反应总体积的 1/10。

酶切的时间因实验而异,是由 DNA 样品的浓度、纯度及酶的浓度决定的。DNA 样品浓度高、纯度差或酶的浓度太低都可以适当延长酶切时间。酶切体系的体积一般以 $20\sim50\mu L$ 为宜。如果 DNA 样品是基因组 DNA,那么时间可以延长至 18h 或过长。

*Eco*R I:

5′-GAATTC-3′ $\longrightarrow$ 5′-G   AATTC-3′
3′-CTTAAG-5′   3′-CTTAA + G-5′

Pst I:

5′-CTGCAG-3′ $\longrightarrow$ 5′-CTGCA   G-3′
3′-GACGTC-5′   3′-G + ACGTC-5′

*Bam*H I:

5′-GGATCC-3′ $\longrightarrow$ 5′-G   GATCC-3′
3′-CCTAGG-5′   3′-CCTAG + G-5′

② 接头的连接

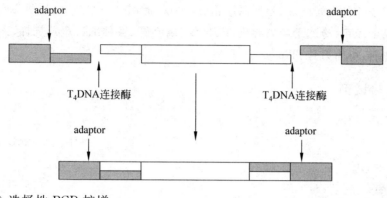

③ 选择性 PCR 扩增

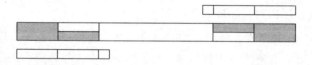

④ 聚丙烯酰胺凝胶电泳

聚丙烯酰胺凝胶(polyacrylamide gel，PAG)是由丙烯酰胺(acrylamide)和交联试剂 N，N′-甲叉双丙烯酰胺(Bis；N，N′-methylenebisacrylamide)在有引发剂如过硫酸铵和增速剂如 N，N，N′，N′-四甲基乙二胺(TEMED)存在的情况下聚合而成的。丙烯酰胺的单体形成长键，由 N，N′-甲叉双丙烯酰胺的双功能基团和链末端的自由功能基团反应而发生交联形成凝胶，凝胶的孔径由链长和交联度所决定。

聚丙烯酰胺凝胶的制备和电泳都比琼脂糖凝胶更为费事。聚丙烯酰胺凝胶几乎总是装于两块玻璃板之间，两块玻璃板由间隔片隔开，并封以绝缘胶布。在这种配置的形式下，大多数丙烯酰胺溶液不会与空气接触，所以氧对聚合的抑制局限于凝胶顶部的一个窄层里。聚丙烯酰胺凝胶一律是进行垂直电泳，根据分离的需要，其长度可以在 $10\sim100cm$ 之间。聚丙烯酰胺凝胶与琼脂糖凝胶相比有 3 个主要优点：①分辨力强，长度仅仅相差 0.2%（即 500bp 中的 1bp）的 DNA 分子即可分开；②所能装载的 DNA 量远远大于琼脂糖凝胶，多达 $10\mu g$ 的 DNA 可以加样于聚丙烯酰胺凝胶的一个标准样品槽而不致显著影响分辨力；③从聚丙烯酰铵凝胶中回收的 DNA 纯度很高，可适用于要求最高的实验。

三、实验器材

30℃水浴、37℃水浴、65℃水浴、电泳仪、水平电泳槽、垂直板电泳槽、移液枪、冷冻离心机、紫外观测仪、高压灭菌锅、紫外凝胶成像系统、磁力搅拌器、酸度计、岛津紫外分光光度计、超低温冰箱、纯水仪、低温循环水浴锅、超速离心机、冰箱、鼓风干燥箱、冷冻干燥离心机、PCR 仪、离心管、各种细口瓶及烧杯、夹子、玻璃纸、洗瓶、单面刀片、Tip 头、PCR 管。

四、实验试剂

1. 5×TBE

	终体积 1L	终体积 500mL
Tris-HCl	54g	27g
硼酸	27.5g	13.75g
0.5mol/L EDTA(pH 8.0)	20mL	10mL

2. 0.5mol/L EDTA(pH 8.0)

在 800mL 水中加入 186.1g EDTA-Na_2·$2H_2O$,在磁力搅拌器上剧烈搅拌,用 NaOH 调节溶液的 pH 至 8.0,然后定容至 1L,分装后高压灭菌备用。

3. 10%过硫酸铵

过硫酸铵 1g 定容至 10mL 或者过硫酸铵 0.1g 定容至 1mL。

4. TEMED:商品试剂

5. 固定液:10%乙醇,0.5%冰乙酸

配制:50mL 乙醇,2.5mL 冰乙酸定容至 500mL。

6. 染色液:10%乙醇,0.5%冰乙酸,0.2%硝酸银

配制:50mL 乙醇,2.5mL 冰乙酸,1g 硝酸银定容至 500mL,避光保存;或者是 1g 硝酸银定容至 1000mL,避光保存。

7. 显影液:3%氢氧化钠,0.5%甲醛

配制:15g 氢氧化钠,6.8mL 37%甲醛定容至 500mL;或者是 15g 氢氧化钠,0.195g 四硼酸钠,4mL 甲醛定容至 1000mL(甲醛在试剂使用前加入)。

8. 40%丙烯酰胺(19:1)

丙烯酰胺 38g,甲叉双丙烯酰胺 2g 加 50mL 水将溶液加热 37℃,定容至 100mL。

9. 1%琼脂糖:0.24g 琼脂糖加 20mL 水,在微波炉中加热。

10. 其他:基因组 DNA($1\mu g/\mu L$)、分子量 Marker、溴化乙锭储液(10mg/mL)、灭菌蒸馏水(ddH_2O)、限制性内切酶及酶切反应缓冲液、3mol/L NaAC、乙醇、6 倍的加样缓冲液。

五、实验操作

1. 基因组 DNA 限制性核酸内切酶酶切

（1）本试验所用 DNA 为从甜菜 M14 品系叶中提取的基因组 DNA，选用三种限制性内切酶进行单酶切反应，分别为 Pst Ⅰ、BamH Ⅰ和 EcoR Ⅰ酶。

（2）取三个 0.5mL 离心管，按顺序加入以下成分，反应总体积为 20μL：

ddH$_2$O   15μL

10×限制性内切酶缓冲液   2μL

基因组 DNA（1μg/μL） 2μL

限制性内切酶   1μL

（3）上下吸打混匀，快速离心收集使溶液全部聚于管底部，将离心管放在水浴中，根据不同酶的最佳作用温度保温 2.5～4h。

（4）置 65℃ 水浴中灭活 15min，终止酶切反应。

（5）取 10μL 酶切过的溶液，加入 2μL 6×上样缓冲液在 1%琼脂糖凝胶上电泳，电泳时以分子量 Marker 为分子量对照，电泳电流为 60～100mA。

（6）电泳结束后，在紫外灯下进行观察，酶解完全的总 DNA 在泳道上应呈均匀的弥散状，其中还经常可见亮一些的条带，这些是重复序列。甜菜 M14 品系基因组 DNA 的酶切结果见图 5-3。

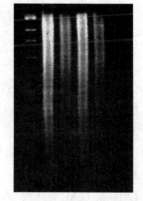

图 5-3 甜菜 M14 品系基因组 DNA 的酶切结果

2. 接头的连接

（1）每种限制性内切酶都有各自配对的接头，其序列具体如下：

EcoR Ⅰ：

Ead1：5′-CTCGTAGACTGCGTACC-3′

Ead2：3′-CATCTGACGCATGGTTAA-5′

Pst Ⅰ：

Pad1：5′-CTCGTAGACTGCGTACATGCA-3′

Pad2：3′-CATCTGACGCATGT-5′

BamH Ⅰ：

Bad1：5′-GGGTCGAATTCGAGCTCAG-3′

Bad2：3′-CCCAGCTTAAGCTCGAGTCCTAG-5′

(2) 接头的制备。

① 先将接头中每个单链部分配制成浓度为 $50\mu mol/L$ 的溶液,根据摩尔数计算加水量;

② 分别从两管中取 $25\mu L$ 溶液加入 PCR 管中,经 94℃变性 2min,36℃退火 5min 后,自然冷却至室温,两个互不寡聚核苷酸链便结合成为人工接头,做好标记备用。

(3) 制备连接反应体系。

取一支 PCR 管,在冰盒上依次加入下列成分:

酶切模板 DNA	250ng($5\mu L$)
$25\mu mol/L$ 接头	$0.2\mu L$
T_4 Ligation Buffer	$5\mu L$
T_4 Ligase($3U/\mu L$)	$0.5\mu L$
ddH_2O	$39.3\mu L$
总体积	$50\mu L$

(4) 吸打混匀,16℃条件过夜,进行连接反应。

(5) 加 $0.1\times TE$ Buffer 至终体积 $250\mu L$,4℃保存备用。

3. 选择性 PCR 扩增

(1) 三种限制性内切酶用到的选择扩增引物,其序列具体如下:

EcoR I:

Es1:5′-GACTGCGTACCAATTCGTC-3′

Es2:3′-GACTGCGTACCAATTCAG C-5′

Pst I:

Ps1:5′-GACTGCGTACATGCAGCTG-3′

Ps2:3′-GACTGCGTACATGCAGACC-5′

BamH I:

Bs1:5′-TTCGAGCTCAGGATCCGTG-3′

Bs2:3′-TTCGAGCTCAGGATCCACG-5′

(2) 选择引物的制备。

使用前根据摩尔数将引物配制成终浓度 66ng/μL,备用。

(3) 制备 PCR 反应体系。

取一支 PCR 管,在冰盒上依次加入下列成分:

连接模板 DNA	10.0 μL
10×PCR Buffer(不含 Mg^{2+})	2.0 μL
25mmol/L $MgCl_2$	1.2 μL
2.5mmol/L dNTP	1.6 μL
选择引物	1.0 μL
Ex Taq(5U/μL)	0.2 μL
ddH_2O	4.0 μL
总体积	20 μL

吸打混匀,离心收集。

(4) PCR 仪扩增,循环程序如下:

94℃,5min

94℃,30s
68℃,30s(每个循环降低 0.7℃) $\Big\}$ 12 循环
72℃,1min

94℃,30s
56℃,30s $\Big\}$ 23 循环
72℃,1min

72℃,5min

4℃保存,Hold。

4. 聚丙烯酰胺凝胶电泳检测

(1) 已商品化的电泳装置有多种类型,而玻璃板与间隔片之间的配置也因制造厂商的不同而略有差异,间隔片的厚度介于 0.5～2.0mm 之间。凝胶越厚,电泳时产生的热量就越大,过热会导致出现"微笑"DNA 条带或其他问题,因此,凝胶薄一点更好。在玻璃板与间隔片之间要形成不透水密封,以免未聚合的凝胶溶液漏出。一般两块玻璃板的大小略有差别。本实验所用的电泳槽为北京六一仪器厂生产的 DYY-24DN 型电泳槽。实验前,把玻璃板及橡胶框彻底清洗,然后分别把两块玻璃板插入橡胶框中,其中小玻璃板插入带有下凹槽的缝中。用琼脂糖(1％～1.2％)将大、小玻璃板的底部封住。一个电泳槽有两个这样的橡胶框。

(2) 将载有玻璃板的两个橡胶框分别放入电泳槽的夹隔中,其中短玻璃一面向内,固定位置,拧紧两侧及底部的螺丝。

(3) 拿两个 50mL 小烧杯,按表 5-5 分别配制 40mL 的聚丙烯酰胺凝胶溶液。在配制聚丙烯酰胺凝胶溶液时,可以先把水、40％丙烯酰胺、5×TBE 和10％过硫酸铵混合,等到灌胶前再加入 TEMED,否则凝胶要很快聚合。制备不

同浓度凝胶所用试剂的量见表 5-5。

表 5-5　制备不同浓度(%)凝胶所用试剂的量(总体积 40mL)

试　剂	6%	5.5%	5%	4%
H_2O/mL	25.6	26.1	26.6	27.6
40%丙烯酰胺/mL	6	5.5	5	4
5×TBE/mL	8	8	8	8
10%过硫酸铵/μL	360	360	360	360
TEMED/μL	40	40	40	40

(4) 将电泳槽斜靠在白色瓷盘边上,与桌面成 10°~20°角,向混合液中加入 TEMED,旋动烧杯以混匀溶液。

(5) 将烧杯中的溶液沿下方的橡胶框中的长玻璃液一侧倒入两块玻璃板的空隙处,注满至顶部,如有气泡,用一细棒将其排出。

(6) 立即插入适当的梳子,梳子平的一侧要靠近长玻璃板。

(7) 将电泳槽反转过来,使另一个没有灌胶的橡胶框处在下方,用同样方法灌胶。

(8) 将电泳槽放正,在室温下聚合 30min。如果凝胶明显收缩,应补加丙烯酰胺溶液。聚合完全后,在梳子下方可以看见折射率不同的纹线。

(9) 如果不接通冷却水循环装置,应用夹子夹紧连接储液槽的两根橡胶管。

(10) 凝胶聚合完毕后,小心取出梳子,立即用水冲洗加样孔,用 1×TBE 灌满电泳槽的缓冲液槽。

(11) 接上电极,上储液槽导线与电泳仪的负极相连(黑对黑),下储液槽导线与电泳仪的正极相连(红对红),设定电压及电流,按下电泳仪的工作开关,进行预电泳 20~30min 以除去加样孔处的杂质。

(12) 将工作开关放到预置挡的位置,将 DNA 样品与适量的凝胶加样缓冲液混合,用移液枪吸取混合液,将 Tip 头靠近加样孔对应的长玻璃板注入样品。

(13) 设定好电压及电流(一般设置恒流 30mA,亦可在 200V),按下电泳仪的工作开关,进行电泳(3~4h)。

(14) 电泳至标准参照前沿指示剂位置时,切断电源,拔出导线,弃去缓冲液槽内的电泳缓冲液,拧开固定螺丝,卸下玻璃板和橡胶框,用薄钢勺将上面的玻璃板从一角撬起,用洗瓶冲洗凝胶,使凝胶完全附在一个玻璃板上,再用洗瓶冲洗凝胶与玻璃板的空隙,使凝胶彻底与玻璃板分离,用水的力量把凝胶冲入白瓷盘中(在此过程中,切勿用手及其他工具接触凝胶)。

（15）用去离子水清洗凝胶 3 次,然后放入固定液中(固定液的体积以没过胶面 0.5cm为宜)固定 10min。

（16）倒掉固定液,用去离子水清洗凝胶3 次,然后放入染色液染色 10min。

（17）倒掉染色液,用去离子水清洗凝胶3 次,然后放入显影液中显影 10min。

（18）等到 DNA 条带清晰显现出来时,凝胶再用清水冲洗一遍,然后用 10％甘油浸泡过的玻璃纸包好(不要有气泡),用夹子固定在玻璃板上,在室温下自然风干一夜,风干后取下干胶,进行区带分析。

（19）观察记录,进行结果分析。甜菜M14 品系 AFLP 分析结果见图 5-4。

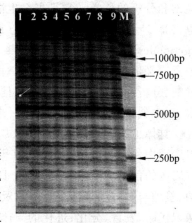

图 5-4　甜菜 M14 品系 AFLP
　　　　分析结果

1～9：A2Y,M14-1,M14-2,M14-3,M14-4,M14-5,M14-6,M14-7,M14-8,DL2000 marker。

六、思考题

1. 影响酶切的因素有哪些?

2. 酶切反应不完全的因素有哪些?

3. 简单描述粘性末端的三种连接技术。

4. 与琼脂糖凝胶相比,聚丙烯酰胺凝胶主要有哪些优点?

5. 在制备聚丙烯酰胺凝胶时,过硫酸铵和 N,N,N',N'-四甲基乙二胺(TEMED)的作用是什么?

6. 试比较 AFLP 技术与 RAPD 技术的异同。

实验八　生物信息学

一、目的要求

掌握生物信息学方法分析 EST 的同源性。

二、实验原理

1. 生物信息学的定义

生物信息学是在生命科学的研究中,以计算机为工具对生物信息进行储存、检索和分析的科学。它是当今生命科学和自然科学的重大前沿领域之一,同时也将是 21 世纪自然科学的核心领域之一。其研究重点主要体现在基因组学(genomics)和蛋白学(proteomics)两方面。

广义地说,生物信息学从事对基因组研究相关生物信息的获取、加工、储存、分配、分析和解释。这一定义包括了两层含义,一是对海量数据的收集、整理与服务,也就是管好这些数据;另一个是从中发现新的规律,也就是用好这些数据。

具体地说,生物信息学是把基因组 DNA 序列信息分析作为源头,找到基因组序列中代表蛋白质和 RNA 基因的编码区;同时,阐明基因组中大量存在的非编码区的信息实质,破译隐藏在 DNA 序列中的遗传语言规律;在此基础上,归纳、整理与基因组遗传信息释放及其调控相关的转录谱和蛋白质谱的数据,从而认识代谢、发育、分化、进化的规律。

生物信息学还利用基因组中编码区的信息进行蛋白质空间结构的模拟和蛋白质功能的预测,并将此类信息与生物体和生命过程的生理生化信息相结合,阐明其分子机理,最终进行蛋白质、核酸的分子设计、药物设计和个体化的医疗保健设计。

2. 序列表达标签

本实验的主要内容是将甜菜中的序列表达标签(expressed sequence tags, EST)与已知数据库中的信息进行比对,从而掌握对未知序列进行功能分析的基本方法。

EST 是长 150～500bp 的基因表达序列片段。EST 技术是将 mRNA 反转录成 cDNA 并克隆到载体构建成 cDNA 文库后,大规模随机挑选 cDNA 克隆,对其 5′或 3′端进行一步法测序,所获序列与基因数据库已知序列比较,从而获得对生物体生长发育、繁殖分化、遗传变异、衰老死亡等一系列生命过程认识的技术。

将 EST 序列与 GenBank 进行同源性比较,Score 值表示相似性程度,Score 值越高,相似性(similarity)越大;E Value 值表示随机匹配的可能性,E 值越大,随机匹配的可能性越大;Identity 值表示与数据库序列一致性的百分比;Positives 表示两条序列氨基酸性质相似比例;Gaps 为比对时插入空位的比例;Query 为检测序列;Subject 为数据库中的序列。当 Score≤80 时,表示未知的 EST 是新的;当 Score 值很高时,表示未知的 EST 与相应的已知基因有高度的同源性,由此可推测此 EST 与已知基因具有相似的功能。

在 EST 研究中,使用最多的方法就是序列相似性比较,以此来确定 EST 的功能。BLAST(basic local alignment search toolA)是应用较广的工具软件之一,为同源分析的软件包,包括 BLASTN、BLASTP、TBLASTN、TBLATX、

BLASTX 等 5 个软件。BLASTN 是将核酸序列与核酸数据库进行比对，BLASTP 是将氨基酸序列与蛋白质数据库进行对比，TBLASTN 是将蛋白质序列与核酸数据库所有 6 种翻译序列的对比，TBLASTX 是将核酸序列的 6 种翻译序列与核酸数据库所有 6 种翻译序列的对比，BLASTX 是将核酸序列的 6 种翻译序列与蛋白质数据库的对比。

三、实验器材

30 台电脑(可用于上网)。

四、实验操作

1. 登录美国国立生物技术信息中心(NCBI, National Center for Biotechnology Information)网站, http://www.ncbi.nlm.nih.gov/。单击 BLAST 按钮, 出现一个新界面。

2. 在出现的新界面中单击 Nucleotide→nucleotide BLAST(blastn)命令, 进入另一界面。

3. 在此界面中的 search 文本框中加入要分析的序列, 然后单击 BLAST 按钮, 在非冗余库 nr(non redundant)中搜索, 出现新界面。

4. 新界面会给出所申请序列的 ID 号码, 单击 Format 按钮。

5. 等候所提示的时间, 系统会出现一系列与所分析序列同源的已知基因的比对结果。

五、思考题

1. 生物信息学的定义是什么?

2. EST 的含义是什么?

3. 在生物信息学中 BLASTN、BLASTP、TBLASTN、TBLATX、BLASTX 所代表的含义是什么?

4. 如何对未知基因或序列在 nr 中进行生物信息学的 BLAST 分析?

实验九　实时荧光定量 PCR

一、目的要求

掌握实时荧光定量 PCR 的原理和方法。

二、实验原理

实时荧光定量 PCR（real-time fluorescent quantitative polymerase chain reaction，RQ-PCR）是当前较为先进的研究基因差异表达的方法。该技术的基本理念最早由日本人 Higuchi 于 1992 年提出，即在 PCR 反应的退火或延伸阶段，利用 EB（溴化乙锭）能插入双链核酸且受激发光的性质，检测其含量，再根据相应的数学函数关系，可对待测样品中的目的基因进行定量。但此检测方法具有非特异性。1995 年，美国 PE（Perkin Elmer）公司研制出可直接探测 PCR 反应过程中样品荧光信号变化的技术，该技术具有 PCR 反应的高灵敏性、DNA 扩增的高特异性和光谱技术的高精确定量等综合优点。直到 1996 年，美国 ABI（Applied Biosystems）公司推出了第一台荧光定量 PCR 仪并将荧光共振能量转移（fluorescence resonance energy transfer，FRET）技术应用于 PCR 产物的定量中，而使该技术日臻成熟并真正进入市场化。

实时荧光定量 PCR 技术可以从复杂的样品中检测出微量的目的核酸，且完全闭管操作，不需要电泳检测，具有很高的灵敏性、准确性和特异性。除此之外，还具有以下特点：①动力学范围广泛，可以在大于十倍浓度范围内进行定量；②可进行定量和定性分析；③同时在同一反应体系中扩增多个目的基因，即多重扩增；④操作简便、快速高效、高通量、重复性好等。该技术现已渗透到各类分子学科、诊断应用和生产实践中，极大地推动了生物和医学事业的发展。

近年来，实时荧光定量 PCR 技术不断被发展完善，具有定量准确、重复率高、操作快速简单、污染率低等特点，已广泛应用于医疗诊断、食品及动植物检测和科研等各个领域。在医疗诊断方面主要用于疾病的早期诊断、药物疗效考核、免疫组化分析、病原体微生物分子检测、肿瘤病变研究及耐药性分析等。研究表明，利用该技术定量结直肠癌淋巴结的癌胚抗原（CEA）的表达情况，可以为诊断癌症微转移提供重要依据。实时荧光定量 PCR 技术在食品及动植物检测方面主要用于原料及生产加工的卫生质量控制、动植物病菌微生物的定量、转基因动物的接合性等。Petit 等发展了一项可以直接定量被感染小麦中黄曲霉毒素生物合成量的技术，它以 nor1mRNA 的精细定量技术为基础。在生命科学的研究方面，该技术可用于定量分析各种基因的特异性表达、基因剂量及拷贝数检测、基因突变和多态性分析、易位基因及转基因的定量检测等。Ingham 等利用实时荧光定量 PCR 技术，通过对 37 个转基因株系的实时定量监测，得到了外源基因的拷贝数并与 Southern 结果高度吻合。目前实时荧光定量 PCR 技术已经成为未来分子研究的必备工具并在植物研究领域的应用不断增多。

1. 实时荧光定量 PCR 的基本原理

由于实时荧光定量 PCR 的反应产物呈指数扩增,在反应体系和反应条件完全一致的情况下,模板的核酸含量便与扩增产物的对数成正比,如果在反应体系中加入带有荧光基团的荧光染料或荧光探针,与扩增产物结合后发出荧光信号,其荧光量便会与扩增产物量成正比,因此通过接收器接收并识别荧光信号,就可以测定模板核酸量。每个 PCR 扩增反应体系可以得到 1 条单一的扩增曲线,由三部分组成:基线、指数扩增期和平台期。为便于进行扩增结果的测定,在该扩增曲线上可人为设定荧光循环阈值(Ct 值),即指产生该阈值荧光信号所需要 PCR 扩增的最小循环数,从而定量分析起始模板。

在实时荧光定量 PCR 技术的原理中,需要引入一个荧光阈值的概念。荧光阈值是指荧光扩增曲线上人为设定的一个值,即是定义样本中的循环阈值 Ct 值(cycle threshlod),它是 PCR 扩增过程中,反应管的荧光信号达到设定阈值时的循环次数,Ct 值取决于阈值。为了便于对样本进行比对,于是要在荧光扩增曲线上人为设定一个荧光信号值,即荧光阈值。荧光阈值的默认设置是用来定义样本循环阈值,是 1~3 个循环的荧光信号的标准偏差的 10 倍。每个模板起始拷贝数的对数值与 Ct 值为线性关系,起始拷贝数越多,Ct 值越小。利用已知起始拷贝数的标准品可作出标准曲线,只要获得未知样品的 Ct 值,即可从标准曲线上计算出该样品的起始拷贝数。

2. 实时荧光定量 PCR 的标记方法

(1) DNA 结合荧光染料法

DNA 结合荧光染料法是实时荧光定量 PCR 最常用的标记方法,以 SYBR Green 荧光染料最为常用,它是一种非饱和菁类荧光素,嵌合于双链 DNA 的小沟后,荧光强度会明显增加,从而使反应体系中的荧光信号明显增强,便于被荧光探测系统检测,当双链 DNA 变性解链后,荧光染料会从链上脱落,大大降低了信号强度,使得荧光探测系统检测不到荧光信号。这样,反应体系中双链 DNA 的分子数量便可用荧光信号强度来表示,从而进行核酸定量分析。SYBR Green 荧光染料能与所有双链 DNA 分子结合,通用性高,方法简便,且检测成本相对较低。虽然 DNA 结合荧光染料法不能保证 PCR 的特异性,但是通过优化 PCR 的反应条件或者分析熔解曲线可以降低非特异性产物和引物二聚体的生成,进行定性诊断。

(2) 荧光标记探针法

荧光标记探针法,主要是利用标记了荧光基团的特异性寡核苷酸探针来检测生成产物的量,根据基团标记和能量转移的方式,目前已经开发研制出的相关技术,大体可以分为水解探针法、杂交探针法和荧光引物法三类。以下将详细介绍最被广泛应用的 Taq man 探针法,该探针属于水解探针。

Taq man 探针是指一段可被设计合成的寡核苷酸,其序列与待扩增模板 DNA 两引物结合处包含的中间部位完全互补,探针 5′末端和 3′末端分别被荧光报告基团和荧光淬灭基团标记,当探针保持完整时,根据 FRET 原理,荧光淬灭基团会吸收其邻近的荧光报告基团所发射的荧光,使设备监测不到荧光信号,DNA 复制过程中,引物与探针能同时与模板 DNA 退火,利用 Taq DNA 聚合酶具有的 5′→3′外切酶活性,将下游的探针水解,荧光报告基团与淬灭基团脱离,淬灭作用解除后的探针可以发出荧光且与扩增产物的量呈正相关,达到定量的作用。该技术特异性强,无须分析熔解曲线,可提高试验效率,但由于探针合成成本较高,应用具有局限性,结果准确度依赖于 Taq DNA 聚合酶的活性。

三、实验器材

凝胶成像系统、PCR 仪 Eppendorf AG(EPPENDORF)、Chromo4 荧光定量 PCR 仪(Bio-Rad)。

四、实验试剂

1. PCR 引物合成(Sangon 公司),具体序列如下:

(1) 内参基因 18S rRNA 内部特异引物

18S-R: 5′-CCCCAATGGATCCTCGTTA-3′

18S-F: 5′-TGACGGAGAATTAGGGTTCG-3′

(2) BvM14-MADS box 基因内部特异引物

MB-R: 5′-TCTCAATCAGAAAGCTAGGAAG-3′

MB-F: 5′-CTAAAGATTACCTATCAATTGTGCC-3′

2. 其他:TRIzol 试剂(天根生物公司)、SYBR Premix exTaq™ Ⅱ (Perfect Real Time)DRR081A 试剂盒(TAKARA 公司)、TAKARA RNA PCR Kit (AMV) Ver 3.0 试剂盒(TAKARA 公司)、exTaq(TaKaRa)。

五、实验操作

1. 甜菜 M14 品系总 RNA 提取

采用 TRIzol 方法提取甜菜 M14 品系根、茎、叶、花、雌蕊和雄蕊各个组织器官的总 RNA,方法见第五章实验二。

2. 总 RNA 的纯化

采用 Promega 的 RNase-free DNase 进行消化去除微量的基因组 DNA 污染。

（1）反应体系，成分如下：

总 RNA	40μL
DNase I buffer	5μL
DNase I	5μL
总体积	50μL

（2）37℃温育 30min。

（3）加入等体积酚：氯仿：异戊醇（25：24：1），颠倒混匀 5min，4℃，12 000r/min 离心 10min。

（4）取上清液加入等体氯仿：异戊醇（24：1），颠倒混匀 5min，4℃，12 000r/min 离心 10min。

（5）取上清液加入 1/10 体积的 3mol/L NaAc，2 倍体积的无水乙醇，－20℃沉淀 30min，4℃，12 000r/min 离心 20min。

（6）去上清液，75%乙醇洗涤沉淀 2 次，室温干燥后加入适量 DEPC 水溶解。

总 RNA 纯化后，核酸测定仪测定 RNA 的浓度及 A_{260}/A_{280} 的比值，1.0%琼脂糖凝胶电泳检测 RNA 完整性。

3. 总 RNA 浓度、纯度的测定

对纯化后的总 RNA 进行浓度和纯度的测定，见第五章实验四。

4. 琼脂糖凝胶电泳测定

取 3μL 纯化后的总 RNA 进行 1%琼脂糖凝胶电泳检测，见第五章实验四。

5. RNA 反转录为 cDNA

分别提取甜菜 M14 品系的根、茎、叶、花、雌蕊和雄蕊各个组织器官的总 RNA，DNase 纯化处理后，将甜菜 M14 品系各组织器官总 RNA 浓度稀释均一后，分别取 1μL 总 RNA 反转录为 cDNA。利用 TaKaRa RNA PCR Kit 反转录试剂盒。反转录反应体系如下：

MgCl$_2$	2.00μL
10×RT 缓冲液	1.00μL
ddH$_2$O（DEPC 处理过的）	3.25μL
dNTP 混合液（10mmol/L）	1.00μL
RNase Inhibitor	0.25μL
AMV Reverse Transcriptase	0.50μL
Random Primer	0.50μL
Oligo dT-Adaptor Primer	0.50μL
甜菜 M14 花器总 RNA（≤1μg）	1.00μL
总体积	10.00μL

按下列条件进行反转录反应：30℃，10min；42℃，30min；99℃，5min；5℃，5min；1 cycle。

6. 甜菜 *BvM14-MADS box* 基因实时荧光定量 PCR 反应

BvM14-MADS box 基因实时荧光定量 PCR 反应使用 TaKaRa 公司的 SYBR Premix ex*Taq*™ Ⅱ（Perfect Real Time）试剂盒在 Bio-Rad 公司的 Chromo4 荧光定量 PCR 仪上进行，*BvM14-MADS box* 基因的扩增以甜菜 18S *rRNA* 基因作为内参并采用相同的反应体系，其中 18S *rRNA* 基因的上游引物为 18S-R，下游引物为 18S-F；*BvM14-MADS box* 基因的上游引物为 MB-R，下游引物为 MB-F，具体序列信息见本实验，实验试剂 1。每个反应设置 3 次技术重复和 3 次生物重复，体系如下：

SYBR Premix ex*Taq*™ Ⅱ（2×）	10μL
cDNA	2.0μL
上游引物（10μmol/L）	0.8μL
下游引物（10μmol/L）	0.8μL
ddH₂O	6.0μL
Rox	0.4μL
总体积	20μL

反应程序：94℃预变性 20s，94℃变性 10s，57℃退火 30s，72℃延伸 30s，40 个循环，并在 72℃收集荧光信号。熔解曲线分析温度为 55～95℃，每升高 1℃ 保温 15s。

反应结束后，分别各取 5μL 18S *rRNA* 和 *BvM14-MADS box* 基因的 PCR 反应产物进行 1%琼脂糖凝胶电泳检测，对结果进行再次验证，如图 5-5 所示。

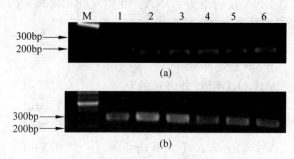

图 5-5 实时荧光定量 PCR 反应的验证

（a）内参基因 18S *rRNA* 电泳检测结果；（b）*BvM14-MADS box* 基因电泳检测结果

M—100bp DNA Ladder Marker；1—根；2—茎；3—叶；4—花；5—雌蕊；6—雄蕊

由图 5-5 可见，经 1%琼脂糖凝胶电泳检测，跑出的条带清晰单一，无引物二聚体出现,验证了实时荧光定量 PCR 反应结果的可信性。

BvM14-MADS box 基因和内参基因在根、茎、叶、花、雌蕊和雄蕊荧光定量 PCR 产物的熔解曲线如图 5-6 所示。

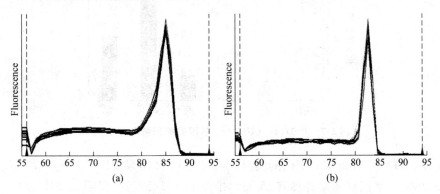

图 5-6　*BvM14-MADS box* 基因实时荧光定量 PCR 熔解曲线

(a) 内参基因 18S *rRNA* 实时荧光定量 PCR 熔解曲线;
(b) *BvM14-MADS box* 基因实时荧光定量 PCR 熔解曲线
注:横坐标表示温度,纵坐标表示荧光强度随温度变化后的负一次幂倒数。

由图 5-6 对内参基因和 *BvM14-MADS box* 基因的熔解曲线分析可见,随着温度的升高,SYBR Green I 荧光染料与 DNA 双链分离,溶解曲线呈现尖锐的单一峰,且未出现其他杂峰,两个基因扩增样品的主要熔点温度(T_m 值)分别为 85℃和 83℃,表明引物设计合理反应性良好,试验中未有引物二聚体和其他污染发生,结果真实可信,无假阳性,可用于 *BvM14-MADS box* 基因不同组织器官的扩增检测。

通过实时荧光定量 PCR 反应检测,*BvM14-MADS box* 基因在甜菜 M14 品系根、茎、叶、花、雌蕊和雄蕊的表达情况是以花器官的 Ct 值为对照组计算得出,具体数据见表 5-6。

表 5-6　*BvM14-MADS box* 基因的组织特异表达定量结果

组　　织	根	茎	叶	花	雌蕊	雄蕊
Ct. *MADS-box*	32.52±0.01	26.95±0.12	28.26±0.04	24.93±0.07	24.44±0.26	23.28±0.03
Ct. 18S	20.60±0.03	18.81±0.14	18.23±0.09	18.08±0.13	19.70±0.34	17.80±0.06
ΔΔCt	5.06±0.03	1.29±0.13	3.18±0.06	0	−2.11±0.42	−1.37±0.04
$2^{-\Delta\Delta Ct}$	0.03	0.41	0.11	1	4.32	2.58

根据表 5-6 制作柱形图，如图 5-7 所示。

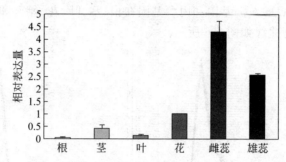

图 5-7　*BvM14-MADS box* 基因的组织特异性表达

　　BvM14-MADS box 基因的实时荧光定量 PCR 结果如图 5-7 所示，*BvM14-MADS box* 基因在甜菜花器官、雌蕊和雄蕊中有显著表达，说明 *BvM14-MADS box* 基因对植物花器官的生长发育起到重要作用，但在根、茎和叶中也有不同程度的表达，这可能是因为该基因在植物的生长发育过程中，从不同侧面和不同层次作用于植物各个不同组织器官，发挥基因的多效性，从而完成不同的生物功能。

六、思考题

　　1. 说明实时荧光定量 PCR 技术的特点。

　　2. 说明实时荧光定量 PCR 技术的基本原理。

　　3. 说明实时荧光定量 PCR 标记方法中的 DNA 结合荧光染料法的原理及优缺点。

实验十　蛋白免疫印迹技术

一、目的要求

　　掌握蛋白免疫印迹技术的原理和方法。

二、实验原理

　　蛋白免疫印迹技术（western blot）是在 DNA 印迹及 RNA 印迹之后并以凝胶电泳和固相免疫测定技术为基础发展起来的一项蛋白质分离检测技术，因此具有高分辨力、高特异性和敏感性等特点。该技术于 20 世纪 80 年代被 Helenius A 和 Burnette W N 首次应用，随后便发展成为研究细胞内蛋白质定性与定量、相对丰度和蛋白质翻译后修饰状态等方面的有力工具,并渗透到生命科学研究领域的各个方面,Park、Melo、Venugopal 等采用 Western blot 技术对鱼体液中卵黄蛋白原进行了测定分析。

Western blot 是将待测蛋白通过凝胶电泳分离后的组分转移到一种固相支持物上,并以待测蛋白的特异性抗体作为探针检测,在固相支持物上发生待测蛋白所呈现的抗原表位与特异性抗体的反应,最终加入酶标二抗与底物进行显色。该技术的主要优点如下:在待测目标蛋白不易完全纯化时,利用 Western blot 结果只显现特异条带而有效降低其他杂蛋白带来的假阳性的优势,便可以将目标蛋白质进行分离,有效地提高了科研工作效率;若需要鉴别非放射性标记蛋白质混合物中的某种特定蛋白并定量时,无须对靶蛋白进行放射性标记,Western blot 技术的灵敏度便可达到标准的固相放射免疫分析水平。因此,在研究人类基因组计划后期的蛋白质组工作中,主要是通过研究蛋白质的相互作用从而探究其功能的,Western blot 技术必不可少。

三、实验器材

ECP-3000 型三恒电泳仪、DYCZ-24D 双垂直电泳槽、DYCZ-40D 型迷你转移槽、凝胶成像系统、高速离心机 J2-MC 型(BECKMAN)、3K30 型(SIGMA)、SF-400 型手压塑料封接机、分子杂交炉、JY92-ⅡDN 型超声波细胞粉碎机。

四、实验试剂

1. 30%储备胶溶液:29.0g 丙烯酰胺(Acr),1.0g 亚甲双丙烯酰胺(Bis),混匀后加 ddH$_2$O,充分溶解,定容至 100mL,棕色瓶存于室温。

2. 15%分离胶的配制(总体积 15mL):超纯水 3.4mL,30%丙烯酰胺 7.5mL,1.5M Tris-HCl(pH8.8)3.8mL,10% SDS 0.15mL,10%过硫酸铵 0.15mL,TEMED 0.006mL。

3. 5%浓缩胶的配制(总体积 4mL):超纯水 2.7mL,30%丙烯酰胺 0.67mL,1M Tris-HCl(pH 6.8)0.5mL,10% SDS 0.04mL,10%过硫酸铵 0.04mL,TEMED 0.004mL。

4. 1.5mol/L Tris·Cl(pH 8.0):称取 181.7g Tris 置于 1L 烧杯中,加入约 800mL 的去离子水,充分搅拌溶解,用浓盐酸调节 pH 至 8.0,定容至 1L。

5. 1mol/L Tris·Cl(pH 6.8)称取 121.1g Tris 置于 1L 烧杯中,加入约 800mL 的去离子水,充分搅拌溶解,用浓盐酸调节 pH 至 6.8,定容至 1L。

6. 10%SDS:称取电泳级 10g SDS 置于 200ml 烧杯中,加入约 80ml 的去离子水,68℃助溶,滴加浓盐酸调节 pH 至 7.2,定容至 100ml 后,室温保存。

7. 10×甘氨酸电泳缓冲液(pH 8.3)：3.02g Tris,18.8g 甘氨酸,10mL 10% SDS,加入 ddH_2O 溶解,定容至 100mL(使用时预冷)。

8. 10%过硫酸铵(AP)：称取 1.0g AP 加 ddH_2O 至 10mL(现用现配)。

9. 2×SDS 上样缓冲液：1mol/L Tris-HCl(pH6.8)2.5mL,β-巯基乙醇 1.0mL,SDS 0.6g,甘油 2.0mL,0.1% 溴酚蓝 1.0mL,ddH_2O 3.5mL,分装,保存。

10. 考马斯亮蓝染色液：考马斯亮蓝 0.5g,冰乙酸 50mL,甲醇 200mL,ddH_2O 250mL,混匀后棕色瓶保存。

11. 脱色液：冰乙酸 50mL,甲醇 50mL,ddH_2O 400mL,混匀,棕色瓶保存。

12. Western blot 电转移缓冲液：5.8g Tris,2.9g 甘氨酸,0.37g SDS,200mL 甲醇,ddH_2O 溶解,定容至 1000mL,室温保存。

13. PBS 稀释缓冲液(pH 7.4)：$0.2gKH_2PO_4$,$2.9gNa_2HPO_4 \cdot 12H_2O$,8.0gNaCl,0.2gKCl,加蒸馏水至 1000mL 定容。

14. PBST 洗涤缓冲液：1000mL PBS 稀释缓冲液(pH7.4)中加入 0.5mL Tween-20。

15. Western blot 封闭液(5%BSA)：1gBSA,20mL ddH_2O。

16. 其他：Protein Marker D530S（TIANGEN）、预染蛋白 marker (Fermants)、组氨酸单克隆抗体（金斯特）、Whatman(3mm)滤纸(Millipore)、PVDF 膜(Millipore)、杂交膜(Amersham 公司)、鼠源 ProtoBlot Ⅱ AP System with Stabilized Substrate(Promega)、DAB 显色试剂盒（中杉金桥）、丙酮醛（阿拉丁）、BSA、还原型谷胱甘肽、脱脂奶粉。

五、实验操作

1. BvM14-glyoxalase Ⅰ融合蛋白的原核诱导表达及提取

(1) 用无菌枪头挑取转化获得的含有重组质粒 pET28a-BvM14-glyoxalase Ⅰ的单菌落,接种于 50mL LB 液体培养基(Kan 50mg/L)中,37℃,180r/min,振荡培养 12h。

(2) 取培养后菌液按 1%的量接种于 100mL 的 LB 液体培养基(Kan 50mg/L)中,摇匀,37℃,230r/min,扩培 3h。

(3) 向菌液中分别加入终浓度为 0.5mmol/L IPTG 作诱导剂,并在 37℃进行培养,180r/min,诱导培养 2h。以 0.5mmol/L IPTG 诱导的转空质粒大肠杆菌的菌液作为空白对照。

(4) 取经诱导和空白对照的菌液 30mL 平行样 2 份,倒入离心管中,5000r/min,4℃ 离心 10min;弃上清液,加入磷酸缓冲液(pH 7.0)10mL,进行超声波破碎,

30min,其中一份样品作为总蛋白,4℃冰箱保存。另一份平行样品继续进行 12 000r/min 离心,4℃,10min,分别收集上清液和沉淀。沉淀用磷酸缓冲液 (pH7.0,含 1%SDS)进行溶解,将上清液和沉淀置于 4℃冰箱保存。

2. BvM14-glyoxalase I 融合蛋白的浓度测定

采用 Bradford 法测定总蛋白浓度,步骤如下:

(1) 取 7 支试管,编号后分别按表 5-7 所示剂量依次加入磷酸缓冲液、考马斯亮蓝染料和标准蛋白。每支试管加完后,立即在漩涡混合器上混合。

表 5-7 考马斯亮蓝标准法实验表格

	管 号						
	1	2	3	4	5	6	7
标准蛋白质/(1.0mg/mL)	0	0.01	0.02	0.04	0.06	0.08	0.10
未知蛋白质/(0.5mg/mL)							
磷酸缓冲液/mL	0.1	0.09	0.08	0.06	0.04	0.02	0
考马斯亮蓝 G-250 试剂/mL	3.0	3.0	3.0	3.0	3.0	3.0	3.0
对应的吸光度 A_{595}	0	0.193	0.288	0.479	0.726	0.924	1.197

(2) 室温放置 10min 后,使用紫外分光光度计,在 595nm 处测量吸光度 (A_{595})。

(3) 以标准蛋白 BSA 浓度(mg/mL)为横坐标,以 A_{595} 为纵坐标,进行直线拟合,得到标准曲线,如图 5-8 所示。

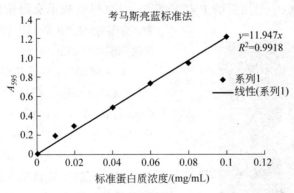

图 5-8 蛋白质浓度测定标准曲线的绘制

(4) 将诱导后经超声波处理的菌液总蛋白、包涵体蛋白等按上述步骤与磷酸缓冲液、考马斯亮蓝染料混合后,根据测得的未知样品的 A_{595} 计算蛋白含量。

3. BvM14-glyoxalase I 融合蛋白的 SDS-PAGE 电泳

将菌体的上清液、沉淀蛋白溶液和总蛋白进行分离胶浓度为 12％的 SDS-PAGE 凝胶电泳检测,确定 BvM14-glyoxalase I 蛋白的诱导表达情况,SDS-PAGE 电泳步骤见第三章实验十二。

4. SDS-PAGE 凝胶的考马斯亮蓝染色

(1) 将其中一块凝胶浸泡在考马斯亮蓝 R-250 染色液中,置平缓摇动的平台上于室温下染色 2h。

(2) 移出染色液,将凝胶浸泡于考马斯亮蓝 R-250 脱色液中,在平缓摇动的平台上脱色 4～8h,其间更换脱色液 3～4 次。

(3) 脱色后移去脱色液,将凝胶浸泡于超纯水中,用扫描仪对凝胶进行扫描拍照。

5. BvM14-glyoxalase I 融合蛋白的 Western 印迹鉴定

(1) 电泳结束后将其中另一块凝胶移至转移缓冲液中,浸泡 30min。

(2) 预先准备 1 张与凝胶大小一致的 PVDF 膜,置于甲醇中浸泡 20min,将膜活化。

(3) 取 6 张与膜同大小的 3mm Whatman 滤纸,将其与膜共同浸入转移缓冲液中,放置 15min。

(4) 组装转移装置:阳极-3 张 Whatman 滤纸-PVDF 膜-凝胶-3 张 Whatman 滤纸-阴极,用玻璃棒排除气泡之后封闭转移装置,146mA 恒流转膜 2.5h。

(5) 将步骤(4)转移后的 PVDF 膜用 PBST 洗 3 次后,放于封闭液(PBST＋5％脱脂奶粉)中,4℃封闭过夜。

(6) 将步骤(5)封闭后的 PVDF 膜与一抗(组氨酸单克隆抗体,1∶2500 稀释)室温杂交 2h 后,用 PBST 室温洗膜 3 次,每次 10min。

(7) 将步骤(6)处理后的 PVDF 膜与二抗(Anti-Mouse IgG(H＋L)AP Conjugate,1∶500 稀释)室温杂交 1h 后,用 PBST 室温洗膜 4 次,每次 10min。

(8) 用 PBS 洗膜 2 次,每次 8min。

(9) 在避光处将杂交后的 PVDF 膜浸于显色底物中,显色 4h,用去离子水洗膜数分钟,终止显色反应,拍照,如图 5-9 所示,与对照转空质粒菌体的总蛋白(泳道 2)相比,转 BvM14-glyoxalase I 基因

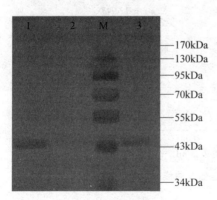

图 5-9　BvM14-glyoxalase I 蛋白的 Western 印迹鉴定

的 BL21(DE3)菌株的总蛋白(泳道 3)、包涵体(泳道 1)均出现特异条带,且分子量大小约为 45kDa,因此确定 *BvM14-glyoxalase I* 基因在 BL21(DE3)菌株中成功表达。

1,3:转 BvM14-glyoxalase I 基因的 BL21(DE3)菌株 0.5mmol/L IPTG 诱导下的包涵体、总蛋白;2:对照空质粒菌体 0.5mmol/L IPTG 诱导下诱导后的总蛋白。

六、思考题

1. 说明蛋白免疫印迹技术的基本原理。
2. 说明 Bradford 法测定总蛋白浓度的原理和方法。

第六章

遗传学实验

实验一　果蝇培养基制备和形态观察

一、目的要求

1. 了解果蝇对于遗传实验的意义。
2. 了解果蝇生活史各个阶段的形态特征。
3. 区分雌雄果蝇，并区分几种常见的突变性状。
4. 掌握果蝇的饲养、管理方法。

二、实验原理

　　果蝇生活史：果蝇是昆虫纲、双翅目、果蝇属中的一个种。果蝇生活史具完全变态过程，即完成一个生活史周期要经过卵、幼虫、蛹、成虫四个阶段。果蝇生活史短，完成一个生活史周期在最适生活温度（20～25℃）条件下仅需12～15天。雌果蝇一般在羽化后12h开始交配繁殖，交配后两天开始产卵。卵孵化成幼虫后要经过两次脱皮才能从一龄幼虫变为三龄幼虫。幼虫生活6～7天准备化蛹，化蛹之前从培养基中爬出来附着在瓶壁或插在培养基的滤纸片上逐渐形成一个梭形的蛹。幼虫在蛹壳内完成成虫体型和器官的分化，最后从蛹壳的前端爬出。果蝇的生活史周期与温度关系密切，提高温度和降低温度会使果蝇的生活史周期缩短和延长。将温度提高到26℃以上，完成一个生活史周期需10天左右。如果超过30℃，会造成雌蝇的育性下降或不育，甚至可引起果蝇死亡。相反，把温度降低到10℃，果蝇的生活史周期可延长到50多天，这时果蝇的生活力很低。饲养果蝇方便容易，如果没有特殊要求，可在20～30天继代一次。果蝇的繁殖率高，一对果蝇交配以后可产卵几百个，这对遗传学来说是非常重要的。另外，果蝇的突变类型多，性状容易辨认。因此，果蝇作为遗传学实验材料是十分适宜的。果蝇的形态及染色体组成见图6-1。

图 6-1　果蝇的形态及染色体组成

三、实验器材

双筒解剖镜、培养箱、高压灭菌锅、电磁炉、放大镜、广口瓶、滤纸、纱布、双筒解剖镜、麻醉瓶、毛笔。

四、实验试剂

琼脂、白糖、酵母、丙酸、玉米粉、乙醚。

五、实验操作

1. 果蝇培养基的制备（见表 6-1）

表 6-1　果蝇培养基的制备配方（1L）

成　分	数　量	单　位	作　用
H_2O	定容	mL	溶剂
玉米粉	85	g	基本成分
绵白糖	65	g	基本成分
琼脂条	85	g	固化剂
丙酸	5	mL	防腐剂
酵母粉	7	g	菌种

将琼脂放入 2/3 的水中煮溶，加入糖，再将玉米粉和余下的 1/3 的水调和成糊状，倒入正在煮沸的琼脂-糖混合物中，继续煮沸成粘糊状。加入丙酸，将配好的培养基倒入已灭菌的广口瓶中（15 磅，30min）。用灭菌纱布盖好瓶口，冷却。用前加入微量干酵母。放在清洁冷凉处保存。

2. 果蝇的麻醉

（1）将数滴乙醚滴在麻醉瓶的棉塞上，塞紧棉塞（麻醉瓶必须干燥洁净），略等 1~2min。

（2）用吸虫管吸取待观察的部分成蝇，轻轻吹入麻醉瓶中，果蝇开始变得不活动，由瓶壁跌落至瓶底，呈昏迷状态（跗肢收缩，双翅紧贴背部）。

（3）几分钟后，将麻醉的果蝇拍落在白瓷板上，在解剖镜下观察。

（4）若观察过程中有复苏果蝇，可滴几滴乙醚在培养皿的滤纸上，立即扣住复苏果蝇，数秒钟以后继续观察。

把麻醉的果蝇移入新培养瓶时，应将瓶横卧，用毛笔将果蝇轻轻挑入，待苏醒后再将培养瓶竖起，以免果蝇粘在培养基上导致死亡。种蝇以轻度麻醉为宜；观察以重度麻醉为宜，死亡也无妨。果蝇翅膀外展 45°表示死亡。

注意：无论是杂交实验还是进行性状观察，都需要先麻醉果蝇。麻醉果蝇时切记不要在原来的培养瓶中直接麻醉，否则被麻醉的不仅是成蝇，蛹和幼虫也被连带麻醉了。麻醉前，要先把果蝇导入另外一个麻醉瓶中，再进行麻醉。

把果蝇导入麻醉瓶时，要先轻轻敲打果蝇培养瓶，让果蝇落到瓶的底部，然后迅速打开瓶塞，把麻醉瓶扣在培养瓶上，让其瓶口对接，果蝇会自然向上运动。另外，也可以用黑纸包住培养瓶，果蝇向上运动更快。如果确有部分果蝇始终不进入麻醉瓶，也可以把培养瓶倒过来，不断敲打培养瓶壁，使果蝇被动进入麻醉瓶，然后快速分离麻醉瓶，塞上瓶棉塞。

麻醉时，仍然先敲打麻醉瓶，让果蝇落到瓶的底部，迅速往麻醉瓶棉塞上滴少量乙醚再盖到瓶口上。麻醉开始后，果蝇很快就会进入麻醉状态。因此，要密切注意观察麻醉情况，要根据实验的要求来掌握果蝇的麻醉程度，试验人员切忌离开。用于杂交实验的亲本果蝇切不能麻醉过度，否则会影响果蝇的生活力。在观察时发现麻醉现象出现，就可以去掉麻醉剂。如果被麻醉果蝇只是用来识别雌雄和观察性状，这些果蝇要深度麻醉直至死亡。否则，在实验没做完之前果蝇便苏醒过来，影响观察，有的还会飞跑。

区别麻醉状态和麻醉致死果蝇的方法是以翅膀是否外展为依据。处于麻醉状态的果蝇两个翅膀仍然重叠紧贴在背腹上；而麻醉致死的果蝇翅膀则离开腹部呈外展状态，不管外展程度如何，都按死亡果蝇对待，切不可以选择这种状态的果蝇做杂交用的亲本。

3. 形态观察

（1）用放大镜从培养瓶外观察果蝇生活史中四个时期：卵、幼虫、蛹、成虫。

（2）用解剖镜区别雌雄成蝇。

（3）用解剖镜区别果蝇突变性状特征。

【注意事项】

1. 高压灭菌锅使用时锅内放入的水量要超过其内的电阻丝；加盖儿后要对

称拧上螺丝,使灭菌锅严密;灭菌过程中要仔细观看压力表维持 15 磅,20min;压力表指针指向零时,才能打开灭菌锅盖。

2. 果蝇接种过程中要防止污染,操作迅速。如果培养基表面较湿,可撒一层灭菌的干玉米粉,防止果蝇沾在培养基上。

3. 培养温度应在 25℃左右,如果需要三龄幼虫,则需要略低的温度,一般在 16～18℃。

4. 使用乙醚麻醉果蝇时,应掌握好时间,使果蝇翅膀与身体成 45°角时为宜,使果蝇既不死亡又处于昏迷状态。

六、思考题

1. 预习高压灭菌锅的使用方法。

2. 谈谈果蝇作为遗传学实验材料的优点有哪些。

3. 列表描述雌雄果蝇的区别,以及突变型果蝇外部形态特征的差异。

4. 过度麻醉(死蝇)表现什么状态?

【补充材料】

1. 每人制作好 4 瓶培养基待用。

2. 观察果蝇生活史中的四个时期——卵、幼虫、蛹、成虫各个时期的特点。

(1)卵:羽化后的雌蝇一般在 12h 后开始交配。两天以后才能产卵。卵长约 0.5mm,为椭圆形,腹面稍扁平,在背面的前端伸出一堆触丝,它能使卵附着在食物上,不致深陷到食物中去。

(2)幼虫:幼虫从卵中孵化出来后,经过两次蜕皮到第三龄期,此时体长可达 4～5mm。肉眼观察下可见一端稍尖为头部,并且有一黑点即口器;稍后有一对半透明的唾腺,每条唾腺前有一个唾腺管向前延伸,然后会合成一条导管通向消化道。神经节位于消化道前端的上方。通过体壁,还可以看到一对生殖腺位于身体后半部的上方两侧,精巢较大,外观为一个明显的黑色斑点,卵巢则较小,熟悉观察后可借以鉴别雌雄。幼虫的活力强而贪食,在培养基上爬过时便留下一道沟,沟多而宽时,表明幼虫生长良好。

(3)蛹:幼虫生活 7～8 天后即化蛹,化蛹前从培养基上爬出附在瓶壁上,渐次形成一个梭形的蛹,起初颜色淡黄、柔软,以后逐渐硬化变为深褐色,这就显示将要羽化了。

(4)成虫:刚从蛹壳里羽化而出的果蝇,虫体较长大,翅还没后展开,体表也未完全几丁质化,所以呈半透明的乳白色,透过腹部体壁还可以看到消化道和性腺。不久,蝇体变为粗短椭圆形,双翅伸展、体色加深,如野生型果蝇初为浅灰色,而后成为灰褐色。

3. 雌雄成蝇的区别

(1) 绘出雌雄成蝇的图。

(2) 总结雌雄成蝇的特点于表 6-2。

表 6-2　果蝇的雌雄区别

特　征	雄蝇	雌蝇	特　征	雄蝇	雌蝇
个体	小	大	腹部末端	圆	尖
腹部条纹	3	5	性梳	有	无

果蝇的性梳是一个决定雌、雄果蝇的第二性征。性梳着生在雄性果蝇第一对前足的第一个跗节上。因其形状与梳头的梳子非常相似,又与性别有关,故得此名。

处女蝇的选取方法:

雌性果蝇生殖器官有受精囊,可保存交配所得的大量精子,能使大量的卵受精。因此,在进行果蝇杂交实验的时候,雌性果蝇必须是处女蝇,以保证实验结果的可靠性。雌果蝇自羽化开始 10h 之内尚未达到性成熟,因而没有交配能力。选择处女蝇时,先把培养瓶中原有的果蝇全部除去,收集 10h 之内由蛹羽化出来的新果蝇,从中选出的雌蝇应该全部都是未交配过的处女蝇。如果要验证选取的处女蝇是否准确,先单独放入一个培养瓶内,不要放入雄蝇,3 天后看雌蝇是否产卵。如果有新卵产出,那么它就不是处女蝇了。处女蝇选定后即可进行杂交试验。

4. 观察果蝇的几种突变型(见表 6-3)

观察果蝇的几种突变型主要比较体色、眼色、眼型、翅型、刚毛形状的差异。

表 6-3　果蝇几种突变性状特征

性状分类	名称及代号		表型特征	基因所在的染色体
	野生型(wild type)	＋	灰体,长翅,红眼,直刚毛	
体色	黄体(yellow)	y	体黄色	X
	黑体(black)	b	体黑色	Ⅱ
	黑檀体(ebong)	e	体乌木色	Ⅲ
眼色(型)	白眼(white)	w	复眼白色	X
	棒眼(Bar)	B	复眼棒状(红色)	X

续表

性状分类	名称及代号		表　型　特　征	基因所在的染色体
翅型	短翅（miniature）	m	双翅短小（与尾端等长）	X
	匙状翅（nub/in2）	nub2	双翅小匙状（凹面向上）	Ⅱ
	残翅（vestigial）	vg	只有翅的痕迹	Ⅱ
	卷翅（Curly）	Cu	双翅向上卷	Ⅱ
其他类型	焦毛（singed）	sn3	刚毛末端卷曲	X
	黄体棒眼（yellow Bar）	yB	黄体,棒眼（红色）	X
	白眼,卷刚毛,短翅	w,sn3,m	三个伴 X 隐性基因连锁	X

实验二　果蝇杂交实验

一、目的要求

了解伴性遗传和非伴性遗传的区别,以及了解伴性基因在正反杂交中的差异,理解遗传规律。

二、实验原理

基因的颗粒性遗传是孟德尔遗传学定律的精髓,两对处于不同染色体上的基因决定两对相对性状的遗传遵循孟德尔定律。

常染色体上的基因遗传时,性状分离在雌雄两性中有同样的表现。性染色体上的一对等位基因伴随性染色体遗传,其性状遗传与性别相联系。处于同一染色体上的连锁基因可以发生一定频率的重组,重组值的大小反映基因在染色体上的相对距离。三点测交就是通过一组杂交对三对连锁基因的交换行为进行测定,以确定其在染色体上的相对位置和排列顺序的最经典的实验。

这些规律的验证可以分别进行,也可以通过不同突变体的合理组合有所侧重。如伴性遗传基因分离图解:

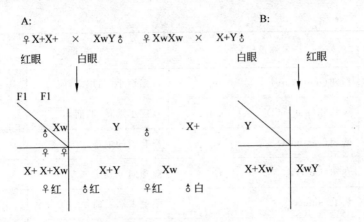

实验说明：vg 位于第Ⅱ号染色体，e 位于第Ⅲ号染色体，w sn3 m 位于 X 染色体。

从图解得知，以显性个体作杂交组合的母本时，F₁ 代和非伴性遗传相同，若以隐性个体作杂交组合母本时 F₁ 代中的雄性表现为隐性性状。

三、实验器材

双筒解剖镜、培养箱、麻醉瓶、磁板、解剖针、毛笔、镊子、解剖镜、死蝇收集瓶、吸虫管、解剖针。

四、实验试剂

普通果蝇的两个品系：野生型果蝇（＋），白眼果蝇（w），残翅果蝇（vg），黑檀体果蝇（e），白眼、卷刚毛、小翅果蝇（w sn3 m）。（说明：vg 位于第Ⅱ号染色体，e 位于第Ⅲ号染色体，w sn3 m 位于 X 染色体。）乙醚、0.75% NaCl。

五、实验操作

第一周：学生根据实验材料自己确定实验方案，可以任选其中 1～2 个杂交组合。

选取每组实验所要用的各种果蝇表型作为亲本进行杂交。每个杂交都做正反交。

贞蝇的鉴别与挑选和收集。每组至少挑选 5～10 只贞蝇。新羽化的雌蝇身体细长，幼嫩的几乎透明，一般在 8～10h 没有交配能力，或经过 7～10 天的隔离饲养没有与任何雄蝇交配过的蝇都属于处女蝇。

挑选处女蝇的方法：将亲本培养瓶中的成蝇全部移走（可在晚上 22：00 至 23：00 期间将成蝇移入另一个培养瓶中，次日早晨 8：00 至 9：00 对新羽化的果蝇进行挑选）。以后每隔 6～8h 观察一次，并将新羽化的雌雄成虫取出并分别放入培养瓶内备用。新羽化的雌蝇身体细长,幼嫩的几乎透明,一般在 8~10h 没有交配能力,属于处女蝇。

杂交接种的步骤:①接种:把选出的雌雄果蝇根据杂交实验组合的要求分别搭配起来,装入一个培养瓶内,每瓶放 5~6 对,贴上标签,写明杂交组合的亲本、杂交日期、实验者姓名。②培养:第二天检查培养瓶,亲蝇若有死亡应及时补充,将培养瓶放在 25℃ 恒温培养箱中培养。注意随时检查培养基是否发霉,如有污染应立即更换新的培养基。

第二周:对果蝇生活史进行细心观察,并书写观察日记,记录你所看到的果蝇的行为、各发育阶段的主要现象及经历所需的时间等。

(1) 淘汰亲本果蝇:第一周接种的亲蝇,经 7~8 天培养后,再过 3~4 天,F_1 代将孵出,为避免亲子蝇混淆,应将亲蝇放飞或将其移到死蝇瓶中。即当瓶壁上出现黑色蛹时,在实验室移去亲本,之后继续将培养瓶存放在恒温箱内保存。

(2) 配制培养基:在接下来的一周中,将 F_1 移入新的培养瓶中进行兄妹交,因此需要配制新的培养基。

(3) 设计测交实验:通过测交实验以验证 F_1 的基因型。测交实验须用隐性亲本的处女蝇。收集隐性亲本的处女蝇,以备下一周使用,写出你自己设计的实验流程及相应的记录表。

第三周:

(1) 观察记录 F_1 表型:再经 3~5 天(即接种杂交亲本后的 11~12 天),F_1成虫开始羽化,在实验室中取出 F_1 成蝇,观察记录其表型和数量。每个杂交组合至少应统计 30 只。

(2) F_1 兄妹交:取一新培养瓶,放 10~15 对 F_1 果蝇(这里的雌蝇无须是贞蝇,为什么?)。

(3) 进行 F_1 自交。贴好标签,写明 F_1 的基因型、杂交日期、实验者姓名。

测交:将隐性亲本的处女蝇与 F_1 杂交,做测交实验。

第四周:

7~8 天后,移去 F_1 兄妹交(自交)的个体。

第五周:

(1) 再过 3~5 天即接种 F_1 果蝇 11~12 天后,F_2 开始羽化。在实验室中逐批仔细观察各种表型并计数,并用 X_2 进行测验,说明实验结果是否与理论数值相符合。连续统计 4~5 天,以保证获得足够数量的被观察后代,已被观察统计过的果蝇倒入尸蝇瓶。每个实验小组统计 100~200 只。

(2) 同时对测交结果进行统计。

【实验数据处理与结果分析】

按下列格式记录所得结果,写出详细的观察日记,并进行说明。

1. 分离规律　　　　开始日期：

P　残翅（vgvg）×野生型（＋＋）

世代	统计日期	果 蝇 数 目	
		＋	vg
F₁	比例		
F₂	总数		
	比例		

F₂ 代 X₂ 测验

合　计	表型	野生型（＋）	残翅型（vg）
观察数			
理论数			
偏差			
(0～C)2/C			

2. 自由组合定律　　　　开始日期：

P　灰身残翅（＋＋vgvg）×黑檀体长翅（ee＋＋）（正交）

或黑檀体长翅（ee＋＋）×灰身残翅（＋＋vgvg）（反交）

世代	统计日期	果 蝇 数 目			
		灰身长翅	灰身残翅	黑檀体长翅	黑檀体残翅
F₁	比例				
F₂	总数				
	比例				

F₂ 代 X₂ 测验

表　型	灰身长翅	灰身残翅	黑檀体长翅	黑檀体残翅	合计
观察数					
理论数					
偏差					
(0～C)2/C					X₂〔3〕

3. 伴性遗传　　　　开始日期：

P：红眼×白眼（正交）　　　　　　白眼×红眼（反交）

$$X+X+\times XwY \qquad\qquad XwXw\times X+Y$$

世代	统计日期	正交	反交		
		红眼	白眼	红眼	白眼
F₁	比例				

世代	统计日期	正交	反交		
		红眼	白眼	红眼	白眼
F₂	总数				
	比例				

4. 基因定位　　　　开始日期

P：白眼卷刚毛小翅×红眼直刚毛长翅

w w sn3 sn3 m m　　　＋＋ ＋＋ ＋＋

↓

F₁

↓

F₂

项　目	F₂ 代表现型	推知的配子种类	个体数	类别合计	每类占总数％
非交换	红眼直刚毛长翅	＋＋＋			
	白眼卷刚毛小翅	wsn3m			
单交换	白眼直刚毛长翅	w＋＋			
	红卷刚毛小翅	＋sn3m			
单交换	红眼直刚毛长翅	＋＋m			
	白眼卷刚毛长翅	wsn3＋			
双交换	红眼卷刚毛长翅	＋sm3＋			

计算基因间的重组值，并绘制染色体图。w—sn3 间重组值＝

sn3—m 间重组值＝

w—m 间重组值＝

【注意事项】

母本为处女蝇，雄果蝇可以不是贞蝇，F₁ 之间杂交时雌性果蝇不必是贞蝇。

六、思考题

符合伴性遗传的基因定位实验中,三隐性雌蝇与雄蝇之间的杂交相当于测交后代,为什么? 反交是否也是? 常染色体上的基因遗传是否也是这样?

实验三　植物根尖细胞有丝分裂过程的制片与观察

一、目的要求

学习和掌握植物细胞有丝分裂制片技术;观察植物细胞有丝分裂过程中染色体的形态特征及染色体的动态行为变化。

二、实验原理

有丝分裂是植物体细胞进行的一种主要分裂方式。有丝分裂的目的是增加细胞的数量而使植物有机体不断生长。在有丝分裂过程中,细胞核内的遗传物质能准确地进行复制,然后能有规律地、均匀地分配到两个子细胞中去。

植物有丝分裂主要在根尖、节间、茎的生长点、芽及其他分生组织中进行。将生长旺盛的植物分生组织经取材、固定、解离、染色、压片等处理即可以观察到细胞内的有丝分裂图像。如若需要进行染色体计数,则需进行前处理,即取材之后采用物理的或化学的方法,阻止细胞分裂过程中纺锤体的形成,使细胞分裂停止在中期。这时,染色体不排到赤道板上,而是散在整个细胞质中。这十分便于对染色体的形态、数目进行观察(图 6-2)。

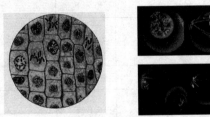

图 6-2　洋葱根尖细胞有丝分裂过程示意图

三、实验器材

恒温培养箱、显微镜、恒温水浴锅、载玻片、盖玻片、单面刀片、天平、镊子、培养皿、量筒、青霉素小瓶、吸水纸。

四、实验试剂

大蒜($Allium\ sativum$,染色体数目 $2n=16$)、玉米($Zea\ mays$,染色体数目 $2n=20$)、洋葱($Allium\ cepa$,染色体数目 $2n=16$)或蚕豆($Vicla\ faba$,染色体数目 $2n=12$)等根尖为材料,任选其一。

95％乙醇、冰乙酸、改良苯酚品红染色液、石炭酸品红、1mol/L HCl。

(1) 改良苯酚品红染色液的配制

A 液:称 3g 碱性品红,溶于 100mL 70％ 酒精中。(此液可长期保存)

B 液:量 10mL A 液,加入 90mL 5％ 苯酚水溶液中。(此液限 2 周内使用)

C 液:量 45mL B 液,加入 6mL 冰乙酸和 6mL 37％ 福尔马林,制成苯酚品红染色液。

D 液:量 10mL 石炭酸品红染色液,加入 90mL 45％ 冰乙酸和 1g 山梨醇,制成改良苯酚品红染色液。(山梨醇稍多,会出现结晶,影响制片效果。)

(2) 酒精配制

用 95％酒精作母液(切勿用无水酒精作母液)稀释成所需浓度。例:配 70％酒精,用 95％酒精 70mL,加蒸馏水定容至 95mL。

(3) 1N 盐酸

将浓盐酸(pH 1.19)82.5mL 倒入装有 917.5mL 蒸馏水的大烧杯中,并用玻璃棒搅拌。

(4) 0.05％秋水仙碱

先配 1％ 秋水仙碱母液(1g 秋水仙碱,先用少量 95％ 乙醇助溶,再用蒸馏水稀释至 100mL),再取 5mL 母液用蒸馏水稀释至 100mL。

(5) 卡诺氏固定液

植物　3 份无水酒精:1 份冰乙酸

动物　6 份无水酒精:1 份冰乙酸:3 氯仿

五、实验操作

1. 生根

植物根尖是植物的分生组织,取材容易,操作方便。植物根尖细胞分裂旺盛,因此,它是细胞有丝分裂相制备与观察的理想选取部位。大蒜、洋葱易于在水培、沙培、土培条件下生根。采用水培时要注意在暗处培养,满足根生长条件,使根系生长旺盛。玉米和蚕豆种子可先用温水浸泡 1 天之后,再转入铺有多层吸水纸或纱布的培养皿中,上面盖双层湿纱布置于 24～26℃温箱中培养,每天换水二次。

2. 取材

待根长至 1.5～2.0cm 时,将根取下放入青霉素小瓶内。若实验只需观察细胞有丝分裂的过程和各时期的特征,可将根尖直接放入 Carnoy 固定液(95%乙醇:冰乙酸＝3:1)中固定;如果要观察染色体形态和数目,则必须对根尖进行前处理后才能固定。取材和固定必须在细胞分裂高峰期进行,即分裂细胞占细胞总数最大值时进行,这样分裂细胞比例大,便于选择和观察。

不同的植物在不同的环境条件中其细胞分裂高峰的时间是不同的。大蒜和洋葱的细胞分裂高峰期通常是在 9:00～11:00,下午 15:00～17:00。

3. 前处理

前处理的方法一般有低温处理和化学药剂处理。

(1) 低温处理:将取材的根尖放入盛有蒸馏水的烧杯或其他容器内,放在 1～4℃ 的冰箱或其他低温条件下处理 24h。不同的植物对低温的敏感程度不同,效果也不同。对低温较为敏感的植物是小麦。

(2) 化学药剂处理:常用的药剂有 0.02%～0.05% 的秋水仙素水溶液;饱和对二氯苯溶液;0.002～0.004mol/L 8-羟基喹啉等。

秋水仙素溶液对纺锤体的抑制效果最好,一般在室温条件下处理 2～4h 可达到理想的效果。如果处理时间过长,染色体会变得更短,不利于对染色体结构进行研究。

对二氯苯和 8-羟基喹啉对不同的植物效果也不相同。植物染色体数目多,个体小的适合于使用对二氯苯;而染色体中等长度的更适合于 8-羟基喹啉,同时能使缢痕区更为清晰。

(3) 低渗:洗净根尖,0.075mol/L KCl 低渗 0.5h。低渗的目的是为使细胞外液浓度低于内液,细胞膜吸水胀破,染色体易释放分散。

4. 固定

固定是指用化学药剂将细胞迅速杀死的过程。固定的目的是为了把细胞生活状态的真实情况保存下来,避免在对细胞操作中使生活状态发生改变。植物常用的固定剂是 Carnoy。Carnoy 固定剂是用 3 份 95% 的乙醇和 1 份冰乙酸配制成的。这两种药品都具有迅速穿透细胞致细胞死亡的特点,但是乙醇是脱水剂,可使细胞脱水变形;冰乙酸又是一种膨胀剂,可使细胞膨胀改变生活状态。把这两种药品按照 3:1 配制使用,可达到既迅速杀死细胞又保持细胞真实生活状态的目的。

固定的时间可根据被固定的材料大小而定,根尖组织固定 4～24h 可达到固定效果。固定时间过长,可去掉细胞中的一些脂肪油滴等,便于染色体观察。但是由于固定时间过长,材料易变脆、变硬,会给实验操作带来一定困难。

5. 解离

解离的目的是将分生组织细胞之间的果胶质和纤维素等物质破坏掉,便于在制片过程中细胞容易散开。常用的解离方法有两种。

(1)酸解:将 1mol/L HCl 放在 60℃恒温水浴锅中预热,当 HCl 温度达到 60℃时,将根尖放入 HCl 溶液中。解离的时间要根据材料来确定。大蒜、洋葱是百合科植物,纤维素、果胶质的含量相对较低,解离时间为 4~5min。如果是禾本科植物的根尖,酸解时间要相对加长些。解离时要注意观察,如果解离时间过长,分生组织会与伸长区脱离,这时分生区已经被解离过软,很难操作,而且染色效果不好。

(2)酶解:酶解时根尖的伸长区要去掉,只留下分生区。酶的浓度以果胶酶和纤维素酶分别为 2%~3%为宜,等量混合后使用。酶解时温度条件非常重要,温度与解离时间成反比,温度高,解离时间就短;但是温度不得超过 45℃,否则酶会失去作用。

6. 水洗与低渗

解离后的材料用清水或蒸馏水冲洗 3~5 次;酶解的材料洗后还要在水中浸泡 10~15min。水洗的另一个作用是后低渗,对于压片有好处。水洗时一定要洗净,否则会影响染色效果。

7. 染色与压片

取根尖分生组织的 1/3 左右置于载片上,先用镊子或解剖针将分生组织碾碎,尽量铺开。然后,再滴上石炭酸品红染液,染色 5min 左右;醋酸洋红或醋酸地衣红要染 15~30min。为了增强染色效果,可在酒精灯上加热几秒钟后继续染一段时间。压片时先盖上盖片,在没有用力压之前,先用手固定住盖片,用镊子尖在材料部位垂直轻敲几下之后,再用拇指用力按压盖片。

8. 镜检

压好的片子要先放在低倍镜下观察,寻找不同分裂时期的典型细胞分裂相,然后,再转换成高倍镜观察。注意观察细胞核内染色质与染色体结构的特点。选择典型的细胞分裂相绘图。

9. 永久装片的制作

将制作好的片子放在冻片机上或液氮容器中将片子冻透,之后迅速用双面刀片将盖片揭开。空气干燥后,用二甲苯透明,再用中性树胶或加拿大树胶封片。冻片子时至冻透为止,切不可时间过长,否则细胞会冻裂。封片时要注意胶量不宜过多,树胶既能达到盖片的边缘又没有多余是最适量的。

六、思考题

参照显微镜的观察结果,绘制一套较为完整的植物根尖细胞有丝分裂过程的示意图。

实验四　生物染色体组（核）型分析

一、目的要求

掌握染色体组型分析的基本方法。

二、实验原理

染色体组型通常是指生物体细胞所有可测定的染色体表型特征总称，包括染色体的总数、染色体组的数目、组内染色体基数、每条染色体的形态/长度、着丝点位置、随体或次缢痕等。染色体组型是物种特有的染色体信息之一，具有很高的稳定性和再现性。染色体组型分析不仅能对细胞内的染色体进行分组，还能对每条染色体的特征进行定量和定性的描述，是研究染色体的基本手段之一。利用这一方法可以鉴别出染色体结构变异、染色体数目变异、B染色体及真假杂种等。同时，这也是研究物种的起源、生物的遗传与进化、细胞遗传学和现代分类学的重要手段之一。

三、实验器材

显微镜、测微尺、毫米尺、镊子、剪刀、绘图纸、计算器。

四、实验试剂

可以用不同生物为分析对象，如大蒜（allium sativum）、洋葱（allium cepa）、蚕豆（viola faba）、大麦（hordenm spp）、人等，选择各 10 个以上染色体分散相好、染色体个体相对较长的细胞，经图像采集、放大、打印后，对其进行分析。

五、实验操作

1. 染色体制片（略）。
2. 制备显微摄影的放大图像

将选定的染色体图像进行拍摄和打印输出。

3. 染色体测量

参照测微尺的放大倍数，对输出图像中的染色体进行实际测量，获取每条染色体各臂的长度数据，测算染色体长度和臂比率，求出着丝粒在染色体上的位置、染色体臂比值、着丝粒位置与染色体类型（参见表 6-4）。

表 6-4　染色体分类标准

臂比值	着丝点位置	表示符号
1.00	正中部着丝点	M
1.01~1.70	中部着丝点区	m
1.71~3.0	亚中部着丝点区	sm
3.01~7.00	亚端部着丝点区	st
7.01~∞	端部着丝点区	t
∞	端部着丝点	T

臂比率：

$$臂比率 = \frac{长臂长度(q)}{短臂长度(p)}$$

着丝粒指数：

$$着丝粒指数 = \frac{短臂长度}{该染色体的长度} \times 100$$

总染色体长度：细胞单倍染色体总长度，包括性染色体在内。

相对长度：

$$相对长度 = \frac{每一条染色体的长度}{总染色体长度} \times 100$$

求出每条染色体占总染色体的长度。

4. 列表

将以上测量项目列表，并将测量结果填入表 6-5 中。

表 6-5　染色体测量数据统计表

编号	绝对长度/mm	相对长度/mm	短臂/mm	长臂/mm	臂比率	着丝点指数	随体	类型
1								
2								
3								
4								
⋮								
n								

5. 染色体配对

根据测量数据进行同源染色体剪贴配对。

167

6. 排列染色体组型图

把染色体对从大到小、短臂在上、长臂在下,各染色体的着丝点排列在一条直线上。

7. 翻拍或绘图

完成上述步骤的染色体剪贴,可以通过翻拍摄影或描图成为染色体组型图。

8. 核型的描述公式

结合核型分析的结果,用公式的形式加以表示,既简明扼要又利于记忆和比较。以海岛棉(gossypium barbadensc)为例,其核型可写成

$$n=4x=52=38m+12sm(2SAT)+2st(SAT)$$

9. 核型的综合描述

说明分析对象的染色体数目,所含染色体组的数目及来源(同源或异源),每个染色体组的基数,染色体大小和核型。

六、思考题

分析某一种生物的染色体组型,包括文字和图片的综合分析结果。

实验五 果蝇唾腺染色体制片与染色体畸变观察

一、目的要求

1. 练习解剖果蝇幼虫和分离果蝇唾腺的方法。
2. 掌握唾腺染色体的制片技术。
3. 了解唾腺染色体的结构及其变异特点。

二、实验原理

果蝇的体细胞中有 4 对染色体。果蝇幼虫唾腺细胞的染色体叫做唾腺染色体。果蝇唾腺染色体是永久性间期染色体,由于间期染色体不螺旋化,而且 DNA 不断地进行复制,细胞并不进行分裂,这样就使唾腺染色体变成了巨大染色体(多线染色体)。唾腺染色体可以比果蝇其他细胞染色体大几百倍。果蝇唾腺染色体能进行体细胞配对(拟联会),配对时所有染色体的着丝点聚集在一起形成染色中心,同源染色体的两条臂紧密配合自由伸展。因此,在唾腺细胞里,查不出 $2n$ 的染色体数目,只能观察到从染色中心向空间伸展的染色体臂。与其他细胞染色体相比的另一个特点是,唾腺染色体上有深浅不同、宽窄不一的带纹。这些带纹的数目和位置是恒定的,代表着种的特征和一些基因的位置。由

于这些带纹的存在,染色体上发生缺失、重复、倒位、易位等很容易在唾腺染色体上识别出来(见图 6-3)。

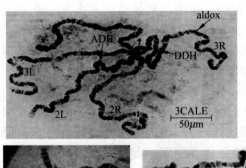

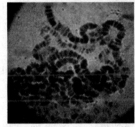 

图 6-3　果蝇的唾液腺染色体

三、实验器材

恒温培养箱、高压灭菌锅、双筒解剖镜、显微镜、天平、培养瓶、棉花塞、滤纸片、载片、盖片、镊子、解剖针。

四、实验试剂

果蝇(drosophila virilis,染色体数目 $2n=12$) 三龄幼虫。

这种果蝇幼虫比黑腹果蝇(drosophila melanogaster,染色体数目 $2n=8$)幼虫个体大,唾腺大、脂肪少,便于操作和观察。

乙醚、丙酸、酵母粉、绵白糖、琼脂条、玉米粉、1mol/L HCl、0.45% NaCl、0.75% NaCl、改良苯酚品红染色液、蒸馏水。

五、实验操作

1. 三龄幼虫培养

实验前将果蝇转接到新配制的培养基中,放在 $23\sim25℃$ 的条件下饲养10 天左右。为了让果蝇幼虫长得肥大更便于操作,在实验前一天,将溶解好的酵母液添加在培养基里,添加前要先把培养瓶中的成虫转移掉。添加的数量因培养基的情况而定,一般 0.5～1mL。

2. 解剖幼虫

拉取唾腺:将肥大、行动迟缓的三龄幼虫放在含有一滴 0.45% NaCl 的载片上,放置 5～10min,实验者两手各持一枚解剖针,在解剖镜下,左手的解剖针压住幼虫尾部 1/3 处,用右手的解剖针揪住幼虫头部正中(口器部位),缓缓向前拉,把头部从身体中拉出,一对唾腺也随之而出。唾腺是半透明的囊状物,会飘浮在生理盐水里,无论怎样触动都不发生形状改变。找到唾腺以后,用解剖针将唾腺与其他组织分开,只留唾腺在载片上。在显微镜下观察,唾腺仍呈半透明状态,由单层细胞构成,细胞形状不规则,细胞轮廓清晰,细胞大,细胞核也大,甚至可以看清楚细胞核是由染色体卷缩在一起形成的,一个唾腺约由几十个细胞构成。

3. 解离

用滤纸条吸净唾腺周围的其他物质,然后在唾腺上滴上 1mol/L HCl 解离 2～3min,以解除细胞间联系,便于染色体散开(此步可省略)。

4. 水洗

解离后的唾腺用蒸馏水洗 3～4 次,水洗时要注意不要把唾腺弄丢,水洗要彻底,否则影响染色效果。另外,水洗过程也是细胞低渗过程。

5. 染色压片

水洗后的唾腺周围要用滤纸条清理干净,然后在唾腺上滴上一滴改良苯酚品红染色液染色 5～20min 后盖上盖片,将滤纸条裹紧盖片部分,用拇指着力地按压(桌面要平,不要推动盖片,防止出气泡)。

6. 显微镜观察

先用低倍镜观察,发现分散好的染色体图像后再转换至高倍镜观察。

果蝇的体细胞染色体数 $2n=12$,全部为端部着丝点。其中有 5 对染色体臂较长,一对染色体臂很小是点状染色体。压片适当的材料可见四对染色体的五条臂:第一对染色体是端着丝粒染色体,形成一条臂;第二、三对染色体都在中部着丝粒区聚集,各自的两个等臂染色体区段自然弯曲分散,形成四条臂;而第四对染色体很小,呈点状或盘状,它们都以着丝粒为连接点,构成染色中心。对染色体分散比较均匀、清楚的制片,可继续用高倍镜仔细观察或用油镜观察每条染色体的横向带纹、带宽的大小、带纹的排列顺序等,并以此同模式图对照区别。

六、思考题

1. 认识唾腺染色体的结构特点,绘制唾腺染色体变异结构图像。
2. 讨论染色体结构变异的类型及其特点。

【补充材料】

1. 关于唾腺染色体

唾腺染色体是一种巨型的染色体,1881 年意大利细胞学家 balbiani 首次发现于双翅目的摇蚊中,到了 1933 年以后,果蝇的唾腺染色体才作为细胞遗传学的研究材料。

唾腺染色体是一对同源染色体,由于紧密配对且染色线连续复制,但其细胞核本身不分裂,因而形成唾腺染色体,唾腺染色体不仅比其他细胞染色体长 $100\sim200$ 倍,体积大 $1000\sim2000$ 倍,而且在每条染色体上呈现明显不同的横纹和条带。根据这些横纹和条带的大小、距离和其他特性可以区分染色体的特定区域,现已把这些资料记载在形象化的"染色体图"上。

另外在唾腺染色体上也可看到重复、倒位、易位、缺失等染色体畸变,所以说唾腺染色体在细胞遗传学研究上具有重要的意义。

2. 唾腺染色体的特征

(1) 巨大性;

(2) 体细胞配对,所以染色体数目只有半数(n);

(3) 各染色体的异染色质多的着丝粒部分互相靠拢形成染色中心;

(4) 横纹有深有浅、疏密的不同,各自对应排列,这意味着基因的排列。

3. 实验成败关键

(1) 果蝇三龄幼虫的培养

饲料要求松软,含水量较高,营养丰富,发酵良好;

控制幼虫的密度——一般要求每平方厘米培养基表面 $20\sim40$ 只幼虫;

低温培养——稍低的温度有利于幼虫的充分生长发育,因而 $15\sim18℃$ 培养幼虫是合适的温度。

(2) 唾腺的拉取及识别。

实验六　粗糙脉孢霉有性杂交的四分子分析

一、目的要求

1. 学习霉培养基配制及菌种培养方法。

2. 了解脉孢霉杂交方法。

3. 掌握有关四分子遗传学分析及其基因与着丝粒距离的计算和作图方法。

二、实验原理

脉孢霉(neurospora crassa)属真菌类,染色体为单倍体,繁殖方式可以是有性繁殖,也可以是无性繁殖。无性繁殖是由营养体菌丝或分生孢子经有丝分裂直接发育成菌丝体,并产生大量的分生孢子。如果把两个不同品系脉孢霉接种到杂交培养基上,脉孢霉又能进行有性生殖。在有性生殖时,菌丝体顶端的分生孢子基部先长出一个原子囊果,类似高等植物的性器官。原子囊果能够接受来自不同品系菌丝体上的分生孢子,使原来 n 倍的原子囊果变成了 $2n$ 的子囊果。这个 2 倍体的合子经过减数分裂形成 4 个子细胞,每个子细胞又经过一次有丝分裂,使原来的 4 个细胞变成 8 个细胞,这 8 个细胞进一步发育成 8 个子囊孢子并排列在一个子囊中。它们是一次减数分裂和一次有丝分裂的产物。

脉孢霉有性杂交试验是选用了性状不同的两个品系,即子囊孢子的颜色或黑或白,这是由一对等位基因控制的一对相对性状。如果这两个不同品系脉孢霉的孢子通过杂交结合,其后代子囊中产生的 8 个子囊孢子应该是 4 黑 4 白,但是,由于减数分裂中同源染色体的非姊妹染色体之间可以发生交换,结果可能导致其后代子囊孢子 4 黑 4 白排列顺序的改变。减数分裂同源染色体配对时,4 条染色单体间发生交换的概率是相同的,所以,8 个子囊孢子会有 4 种可能的排列顺序,统称之为交换型。另外,没有交换的属于亲组合型,或称非交换型,共有两种排列顺序。因此,在显微镜下可以直接观察到 6 种排列顺序。由于脉孢霉是单倍体生物,所以,染色体上控制性状的基因是否存在或是否发生过交换,可以直接在子代性状中表现出来。

由于脉孢霉的染色体均为端部着丝点染色体,所以,如果基因位点距离着丝点越远,发生交换的机会就越多,其交换值就越大。因此,根据杂交后代中交换型子囊数量与非交换型子囊数量的比例关系,就可以计算出该基因位点与着丝点之间的距离,并且,绘制出基因连锁图。

三、实验器材

恒温培养箱、显微镜、解剖针、接种针、试管、载玻片、盖玻片、滤纸片。

四、实验试剂

琼脂、蔗糖、鸟氨酸、玉米粒、次氯酸钠、土豆。

(1) 野生型粗糙脉孢霉(neurospora crassa,$n=7$),自身可以合成鸟氨酸,用 Orn+表示。子囊孢子大。

(2) 鸟氨酸缺陷型粗糙脉孢霉,自身失去合成鸟氨酸的能力,必须在培养基中添加鸟氨酸才能生长,用 Orn-表示。子囊孢子小。

五、实验操作

1. 配制菌种活化培养基

(1) 基本培养基(供 Orn＋活化用)

土豆去皮洗净切成 $0.5\mathrm{cm}^3$ 小块,分别装入试管中,每个试管 5～7 块。将 2‰的琼脂条和 2‰蔗糖煮沸溶解后分装在有土豆块的试管中,经 121℃高压灭菌 15min 后,制作成斜面备用。

(2) 补充培养基(供 Orn－活化用)

在基本培养基中按 5mg/100mL 量加入鸟氨酸,即为补充培养基,其他相同。

(3) 杂交培养基

将玉米粒浸泡 24h 后洗净,每支试管装 3 粒。将 2‰的琼脂条和 2‰的蔗糖煮沸溶解后,分装在含有玉米粒的试管中,经过 121℃、15min 高压灭菌,最后,摆放制作成斜面备用。

2. 菌种活化

从冰箱中取出低温保存的 Orn＋和 Orn－菌种,在无菌条件下把 Orn＋接种在活化基本培养基上;把 Orn－接种在补充培养基上。接种后将试管放在 25℃条件下培养 5～6 天,直至试管中长出许多菌丝,并且有大量的分生孢子产生时表明菌种已经活化成功。菌种活化不要时间过长,否则,菌丝和分生孢子老化,会影响杂交成功率。

3. 杂交与培养

将活化的两种菌种(Orn＋和 Orn－)同时接种到杂交培养基上,接种菌丝体和分生孢子都可以。然后,在培养基表面放一小块多次折叠的滤纸片,塞上试管棉塞,接种后的试管放 25℃恒温培养箱中培养。培养二周后,便有黑色颗粒状子囊果出现,但还没有完全成熟。培养到三周左右时,子囊果基本成熟,可以在显微镜下观察。镜检观察的最佳时间是杂交后第 23～25 天。

4. 显微镜观察与分析

(1) 先在长有子囊果的试管中加入少量无菌水充分摇动,将分生孢子混合在水中。把水倒入烧杯中加热煮沸,防止分生孢子飞扬。

(2) 用接种针挑选个大、饱满的子囊果放在载玻片上,滴加一滴 5％次氯酸钠溶液浸泡 2min 左右。次氯酸钠的作用主要是对子囊果壁起腐蚀作用,以便将子囊果压破。压片时用力不宜过大,因为一次分裂产生的 8 个子囊孢子顺序地排列在一个子囊中,观察时要以子囊为单位进行统计。若用力过大,8 个子囊孢子被压出,子囊都分散开了,不利于观察。

（3）试验结果的统计与分析

借助显微镜观察 8 核子囊中黑、白子囊孢子的排列顺序。根据子囊孢子的 6 种类型排列顺序进行观察、分类和统计。将观察到的子囊类型和数目填于表 6-6 中（观察总数不少于 100 个）。应用着丝点作图原理，对统计结果进行计算分析，求得交换值和图距，绘制染色体连锁图。

表 6-6　脉孢霉杂交子囊类型与数量统计表

子囊类型	观察数
＋＋＋＋－－－－	
－－－－＋＋＋＋	
＋＋－－＋＋－－	
－－＋＋－－＋＋	
＋＋－－－－＋＋	
－－＋＋＋＋－－	
总　　计	

六、思考题

1. 掌握单倍体细胞基因定位原理和分析方法。

2. 掌握计算图距方法。

把观察到的数字代入下面公式，计算出交换值：

$$交换值 = \frac{交换子囊数（即 M_2 分离子囊数）}{子囊总数} \times 100\% \times \frac{1}{2}$$

交换值除去百分号％，即作为图距。绘制遗传学图谱。

3. 图示 6 种子囊类型的形成过程。

实验七　紫外诱变技术及抗药性突变菌株的筛选

Ⅰ . 紫外诱变技术

一、目的要求

以紫外线处理细菌细胞为例，学习微生物诱变育种的基本技术。了解紫外线对细菌细胞的作用。

二、实验原理

以微生物的自然变易作为基础的筛选菌种的几率并不很高。因为自发突变率小,一个基因的自发突变率为 $10^{-6}\sim10^{-10}$。为了加大突变频率,可采用物理或化学的因素进行诱发突变。物理因素中目前使用得最方便且十分有效的是 UV,UV 诱变一般采用 15W 的紫外灭菌灯,其光谱比较集中在 253.7nm 处,这与 DNA 的吸收波长一致,可引起 DNA 分子结构发生变化,特别是嘧啶间形成胸腺嘧啶二聚体,从而引起菌种的遗传特性发生变易。在生产和科研中可利用此法获得突变株。

三、实验器材

10mL 及 1mL 的移液管、无菌试管、无菌培养皿、无菌三角瓶(内有无菌的玻璃珠 20～40 粒)、无菌漏斗(内有两层擦镜纸)、无菌离心管、离心机、紫外诱变箱等。

四、实验试剂

菌株:大肠杆菌($E.coli$)。

培养基:营养肉汤(nutrient broth)固体和液体培养基。

硫酸卡那霉素水溶液(50mg/mL)、生理盐水等。

五、实验操作

1. 对出发菌株进行处理,制备单细胞悬液;

2. 用紫外线进行处理;

3. 用平板菌落计数法测定致死率。

【出发菌株菌悬液的制备】

1. 出发菌株移接新鲜斜面培养基,37℃培养 16～24h。

2. 将活化后的菌株接种于液体培养基,37℃ 110r/min 振荡培养过夜(约 16h),第二天,以 20%～30% 接种量转接新鲜的营养肉汤培养基,继续培养 2～4h。

3. 取 4mL 培养液于 5mL 离心管中,10 000r/min 离心 3～5min,弃去上清液,加 4mL 无菌生理盐水,重新悬浮菌体,再离心,弃去上清液,重复上述步骤用生理盐水恢复成菌悬液;

4. 将上述菌悬液倒入装有小玻璃珠的无菌三角瓶内,振荡 20～30min,以打散细胞。

5. 取诱变前的 0.5mL 菌悬液进行适当稀释分离,取三个合适的稀释度倾注肉汤平板,每一梯度倾注两皿,每皿加 1mL 菌液,37℃倒置培养 24～36h,进行平板菌落计数。

【UV 诱变】

1. 将紫外灯打开,预热 30min。

2. 取直径 6cm 的无菌培养皿(含转子),加入菌悬液 5mL,控制细胞密度为 $10^7 \sim 10^8$ 个/mL。

3. 将待处理的培养皿置于诱变箱内的磁力搅拌仪上,静止 1min 后开启磁力搅拌仪旋钮进行搅拌,然后打开皿盖,分别处理 5s、10s、15s、30s、45s,照射完毕后先盖上皿盖,再关闭搅拌仪和紫外灯。

4. 取 0.5mL 处理后的菌液进行适当稀释分离,取三个合适的稀释度倾注肉汤平板进行计数(避光培养)。

六、实验流程图

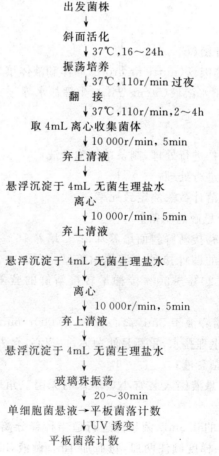

出发菌株
↓
斜面活化
↓37℃,16～24h
振荡培养
↓37℃,110r/min 过夜
翻 接
↓37℃,110r/min,2～4h
取 4mL 离心收集菌体
↓10 000r/min,5min
弃上清液
↓
悬浮沉淀于 4mL 无菌生理盐水
离心
↓10 000r/min,5min
弃上清液
↓
悬浮沉淀于 4mL 无菌生理盐水
离心
↓10 000r/min,5min
弃上清液
↓
悬浮沉淀于 4mL 无菌生理盐水
↓
玻璃珠振荡
↓20～30min
单细胞菌悬液→平板菌落计数
↓UV 诱变
平板菌落计数

对平板菌落进行计数,并计算死亡率:

$$死亡率 = \frac{照射前活菌数/mL - 照射后活菌数/mL}{照射前活菌数/mL} \times 100\%$$

Ⅱ. 青霉素抗性突变株的筛选

一、目的要求

以紫外线诱变获得大肠杆菌的青霉素抗性突变株为例,学习微生物诱变育种的基本技术。

二、实验原理

链霉素属氨基糖苷类抗生素。细菌对氨基糖苷类抗生素产生耐药性的作用机理主要有以下几种:其一,细菌产生相应的钝化酶对进入胞内的活性分子进行修饰,令其失去生物活性;其二,氨基糖苷类抗生素的作用靶位核糖体或是与核糖体结合的核蛋白的氨基酸发生突变而使进入胞内的该类抗生素不能与之结合或结合力下降;其他机理,包括细胞膜的通透性下降等。细菌对链霉素产生抗药性的作用机理属于第二种。链霉素抗性是由于编码核糖体蛋白 S_{12} 的 rpsL 基因或其他基因发生突变导致核糖体或核糖体蛋白发生改变而产生。

三、实验器材

紫外诱变箱、超净工作台、红灯、铁筒、离心机、混合仪等。

四、实验试剂

菌种:大肠杆菌($E.coli$)。
培养基:营养肉汤、营养琼脂、营养琼脂+AMP、生理盐水等。
青霉素溶液:母液 2mg/mL;终浓度 $8\mu g/mL$。

五、实验操作

1. 出发菌株转接营养肉汤斜面活化。

2. 菌株的培养、细胞的收集和离心、紫外诱变处理同本章实验二。

3. 将诱变前、后的菌悬液各取 0.5mL,进行适当的稀释分离,然后用倾注法进行平板菌落计数;并选择诱变处理前合适浓度的菌悬液涂布营养琼脂+Str 平板(Str 终浓度 $8\mu g/mL$),培养后记录抗性菌落数,计算该菌的自发突变率。

4. 另取 1mL 诱变处理好的菌悬液接入液体营养肉汤培养基进行后培养,37℃、120r/min 摇瓶培养。

5. 对后培养以后的菌悬液进行平板菌落计数和抗性菌落数计数,观察紫外诱变的效果。

6. 用紫外线对细菌细胞进行诱变处理。

7. 利用药物平板筛选抗性突变株。

六、实验结果

1. 观察紫外诱变的结果。

2. 计算大肠杆菌链霉素抗性的突变率:

$$自发突变率 = \frac{诱变前样品中\ Str\ 抗性菌数}{诱变前活菌数} \times 100\%$$

$$突变率 = \frac{后培养以后样品中\ Str\ 抗性菌数}{后培养以后样品中的活菌数} \times 100\%$$

七、思考题

1. 为什么在诱变前要把菌悬液打散?

2. 试述紫外线诱变的作用机理及其在具体操作中应注意的问题。

3. 简述后培养的目的及注意事项。

第七章

细胞生物学实验

第一节　蔗糖密度梯度离心法提取叶绿体

一、实验目的

掌握手工制作密度梯度技术,了解蔗糖密度梯度离心的原理及优缺点。

二、实验原理

密度梯度离心法是将样品加在惰性梯度介质中进行离心沉降或沉降平衡,在一定的离心力下把颗粒分配到梯度中某些特定位置上,形成不同区带的分离方法。

此法的优点是:①分离效果好,可一次获得较纯颗粒;②适应范围广,能像差速离心法一样分离具有沉降系数差的颗粒,又能分离有一定浮力密度差的颗粒;③颗粒不会挤压变形,能保持颗粒活性,并防止已形成的区带由于对流而引起混合。缺点是:①离心时间较长;②需要制备惰性梯度介质溶液;③操作严格,不易掌握。

用两种浓度的蔗糖溶液制成的梯度,在离心条件下,叶绿体和比它沉降系数小的细胞组分聚集到梯度交界处,而沉降系数较大的细胞组分沉到离心管底部,这样,可粗略地分离叶绿体。

三、实验器材

新鲜菠菜叶。组织捣碎器、高速冷冻离心机、普通离心机、离心管、10mL 塑料刻度离心管、烧杯、漏斗、纱布、载玻片、盖玻片、普通光学显微镜、剪刀、胶头滴管。

四、实验试剂

匀浆介质、50％蔗糖溶液、15％蔗糖溶液。

五、实验操作

1. 洗净菠菜叶,尽可能使它干燥,去除叶柄、主脉后,称取 50g,剪碎。

2. 加入预冷到近 0℃ 的匀浆质 200mL,在组织捣碎器上选高速挡捣碎 2min。

3. 捣碎液用双层纱布过滤到烧杯中。

4. 滤液移入普通玻璃离心管,在普通离心机上 500r/min 离心 5min,轻轻吸取上清液。

5. 在离心管内依次加入 50%蔗糖溶液和 15%蔗糖溶液,注意要用滴管吸取 15%蔗糖液沿离心管壁缓缓注入,不能搅动 50%蔗糖液面,一般两种溶液各加 4mL。加液完毕后,可见两种溶液界面处折光稍不同,这样密度梯度便制好了。

6. 在制好的密度梯度上小心地沿离心管壁加入 1mL 上清液。

7. 严格平衡离心管,分量不足的管内轻轻加入少量上清液。

8. 用水平转头离心 8000r/min,20min。

9. 取出离心管,可见叶绿体在密度梯度液中间形成带,用滴管轻轻吸出滴于载玻片,盖上盖玻片,显微镜下观察,还可在暗室内用荧光显微镜观察。

六、思考题

1. 分离的叶绿体是否纯净?试分析原因。

2. 匀浆介质为什么选用 0.25mol/L 蔗糖?匀浆在低温下快速进行是何道理?

第二节　线粒体和液泡系的超活染色与观察

一、实验目的

1. 观察动、植物活细胞内线粒体、液泡系的形态、数量与分布。

2. 学习一些细胞器的超活染色技术。

二、实验原理

活体染色是能使生活有机体的细胞或组织特异性着色但对活样品又没有毒害作用的一种活体染色方法,其目的是显示生活细胞内的某些结构,而不影响细胞的生命活动和产生任何物理、化学变化以致引起细胞的死亡。活体染色技术可用来研究生活状态下的细胞形态结构和生理、病理状态。

根据所用染色剂的性质和染色方法的不同,通常把活体染色分为体内活体染色与体外活体染色两类。体内活体染色是以胶体状的染料溶液注入动、植物体内,染料的胶粒固定、堆积在细胞内某些特殊结构里,达到易于识别的目的。体外活体染色又称超活染色,它是由活的动、植物分离出部分细胞或组织小块,以染料溶液浸染,染料被选择固定在活细胞的某种结构上而显色。活体染料之所以能固定、堆积在细胞内某些特殊的部分,主要是靠染料的"电化学"特性。碱性染料的胶粒表面带阳离子,酸性染料的胶粒表面带有阴离子,而被染的部分本身也具有阴离子或阳离子,这样,它们彼此之间就发生了吸引作用。但并非任何染料均可用于活体染色,理论上应选择那些对细胞无毒性或毒性极小的染料,且使用时需要配成稀淡的溶液。一般来说,最为适用的是碱性染料,这可能是因为它具有溶解在类脂质(如卵磷脂、胆固醇等)的特性,易于被细胞吸收。詹纳斯绿B(Janus green B)和中性红(neutral red)两种碱性染料是活体染色剂中最重要的染料,对于线粒体和液泡系的染色分别具有专一性。

线粒体是细胞进行呼吸作用的场所,其形态和数量随不同物种、不同组织器官和不同的生理状态而发生变化。詹纳斯绿B是毒性较小的碱性染料,可专一性地对线粒体进行超活染色,这是由于线粒体内的细胞色素氧化酶系的作用,使染料始终保持氧化状态(即有色状态),呈蓝绿色;而线粒体周围的细胞质中,这些染料被还原为无色的色基(即无色状态)。

中性红为弱碱性染料,对液泡系(即高尔基体)的染色有专一性,只将活细胞中的液泡系染成红色,细胞核与细胞质完全不着色,这可能与液泡中某些蛋白质有关。

三、实验器材

显微镜、恒温水浴锅、剪刀、镊子、双面刀片、解剖盘、载玻片、凹面载玻片、盖玻片、表面皿、吸管、牙签、吸水纸。

四、实验试剂

1. Ringer 溶液。氯化钠 0.85g(变温动物用 0.65g);氯化钾 0.25g;氯化钙 0.03g;蒸馏水 100mL。

2. 10%、1/3000 中性红溶液

称取 0.5g 中性红溶于 50mL Ringer 液,稍加热(30～40℃)使之很快溶解,用滤纸过滤,装入棕色瓶于暗处保存,否则易氧化沉淀,失去染色能力。临用前,取已配制的 1% 中性红溶液 1mL,加入 29mL Ringer 溶液混匀,装入棕色瓶备用。

3. 1%、1/5000 詹纳斯绿 B 溶液

称取 50mg 詹纳斯绿 B 溶于 5mL Ringer 溶液中,稍加微热(30～40℃),使之溶解,用滤纸过滤后,即为 1% 原液。取 1% 原液 1mL 加入 49mL Ringer 溶液,即成 1/5000 工作液装入瓶中备用。最好现用现配,以保持它的充分氧化能力。

4. 材料

人口腔上皮细胞,小麦种子或黄豆幼根根尖。

五、实验操作

1. 人口腔粘膜上皮细胞线粒体的超活染色与观察

清洁载玻片放在 37℃ 恒温水浴锅的金属板上

↓

滴 2 滴 1/5000 詹纳斯绿 B 染液

↓

用牙签扁平面在口腔颊粘膜处轻刮,获取上皮细胞

↓

刮下的粘液状物放到载玻片的染液滴中

↓

染色 10～15min(注意不可使染液干燥,必要时可再加滴染液)

↓

盖上盖玻片,显微镜下观察

2. 植物细胞液泡系的超活染色与观察

取豆芽的根尖

↓ 用刀片纵切根尖

放入中性红染液滴中,染色 5～10min

↓

吸去染液,滴一滴 Ringer 液

↓

盖上盖玻片进行镜检(镊子轻轻地下压盖玻片,使根尖压扁,利于观察)。

【实验结果】

在高倍镜下,先观察根尖部分的生长点的细胞,可见细胞质中散在很多大小不等的染成玫瑰红色的圆形小泡,这是初生的幼小液泡。然后,由生长点向延长区观察,在一些已分化长大的细胞内,液泡的染色较浅,体积增大,数目变少。在成熟区细胞中,一般只有一个淡红色的巨大液泡,占据细胞的绝大部分,将细胞

核挤到细胞一侧贴近细胞壁处。

六、思考题

1. 用一种活体染色剂对细胞进行超活染色,为什么不能同时观察到线粒体、液泡系等多种细胞器?

2. 小麦或黄豆根尖经中性红超活染色,为什么看到生长点的细胞中液泡多,而且染色深;延长区细胞中液泡数量变少,染色浅?

3. 高等动物和高等植物细胞中的液泡系(高尔基体)分布上有何不同?

第三节 PEG 介导的动物细胞融合技术

一、目的要求

1. 本次实验课性质是细胞生物学实验教学中的综合设计性实验,为结合课程教学,给定实验目的要求和实验条件,由学生自行设计实验方案并加以实现的探索性实验教程。着重培养学生独立解决实际问题的能力、创新能力以及组织管理能力。

2. 要求学生对 PEG 介导的鸡血细胞融合实验进行实验方案设计和独立操作,对体细胞融合有一个清楚的概念。

3. 初步掌握利用 PEG 介导动物细胞融合这一基础细胞工程的实验技能。

二、实验原理

细胞融合,是在自发或人工诱导下,两个不同基因型的细胞或原生质体融合形成一个杂种细胞。基本过程包括细胞融合形成异核体、异核体通过细胞有丝分裂进行核融合,最终形成单核的杂种细胞。诱导细胞融合的方法有三种:生物方法(如病毒诱导融合法)、化学方法(如聚乙二醇 PEG 诱导融合法)、物理方法(如电场诱导融合法)。

本次试验利用 PEG 诱导细胞融合,聚乙二醇分子能改变各类细胞的膜结构,使两细胞接触点处质膜的脂类分子发生疏散和重组,由于两细胞接口处双分子层质膜的相互亲和以及彼此的表面张力作用,使细胞发生融合。

利用 PEG 介导细胞融合,其融合效果受以下几种因素的影响。

1. PEG 的分子量与浓度:细胞融合效果与 PEG 的分子量及其浓度成正比;但 PEG 的分子量越大、浓度越高,对细胞的毒性也就越大。为了兼顾二者,在实验时常常采用的 PEG 分子量一般为 $1000\sim4000$,浓度一般为 $40\%\sim60\%$。

2. PEG 的 pH 值：经验证,PEG 的 pH 值在 8.0～8.2 之间融合效果最好。

3. PEG 的处理时间:处理时间越长,融合效果越好,但对细胞的毒害也就越大。故一般将处理时间限制在 1min 之内。本实验中细胞融合后无须继续培养,故处理时间可适当放宽至数分钟。

4. 融合时的温度:由于生物膜的流动性与温度成正比,故细胞的融合效果也与温度成正比。因此,为了获得更好的融合效果,在细胞可能承受的温度范围内可适当提高处理的温度。对于哺乳动物的细胞,一般采用的温度为 38～40℃。

三、实验器材

1. 新鲜鸡血。

2. 普通离心机、普通光学显微镜,100mL 量筒 2 个,滴管 10 支,10mL 刻度离心管 20 支,载、盖片各 20 片。

四、实验试剂

1. Alsever 液制备

葡萄糖(glucose)	2.05g
枸橼酸钠	0.8g
氯化钠(NaCl)	0.42g
重蒸水	至 100mL

2. 0.85% 生理盐水液

3. GKN 液

氯化钠	8g
氯化钾(KCl)	0.4g
$Na_2HPO_4 \cdot 2H_2O$	1.77g
$NaH_2PO_4 \cdot H_2O$	0.69g
葡萄糖	2g
酚红(phenol red)	0.01g

溶于 1000mL 重蒸水中。

4. 50% PEG 液(现用现配)

根据实验需要,称取适量 PEG(*Mr.* 4000)放入刻度离心管内,在酒精灯上将其加热熔化,待冷却至 50℃,加入等体积的已预热至 50℃ 的 GKN 液并充分混匀。

5. 可用于实验设计的试剂

（1）适当突出实验内容的探索性的试剂

PEG（分子量范围：1000、2000、4000、6000）

Hanks 试剂（钙离子浓度梯度：1×、3×、5×、10×）

（2）实现实验方法的多样性的试剂

供选择的制备抗凝全血的抗凝同工试剂：肝素、Alsever 液、0.85％氯化钠溶液。

五、实验操作

1. 鸡血细胞的获得

从家鸡翅根静脉用注射器采血，注入试管后，迅速加入抗凝剂制成抗凝全血。

2. 鸡血细胞储备液的制备

在抗凝全血的试管里，加入 4 倍体积 0.85％氯化钠溶液，制成红细胞储备液。

3. 鸡血悬液的制备

取红细胞储备液 1mL，加入 4mL 0.85％氯化钠溶液，混匀后，12 000r/min 离心 5min，弃去上清液，再加入 5mL 0.85％氯化钠溶液按上述方法离心一次。弃去上清液，加入 10mL 的 GKN 溶液制成鸡血细胞悬液。

4. 计数

取 0.5mL 鸡血细胞悬液，加 3.5mL 的 GKN 溶液进行稀释，在血细胞计数板上进行计数。若细胞浓度过大，用 GKN 溶液稀释至 $1×10^7$ 个/mL 左右。

5. 鸡血细胞的收集

取 1mL 鸡血细胞悬液放入离心管中，加入 4mL 的 Hanks 液混匀，1000r/min 离心 5min，弃去上清液。用手指轻弹离心管底部，使沉淀的血细胞团块松散。

6. PEG 诱导细胞融合

吸取 37℃的 50％PEG 溶液 0.5mL，慢慢沿着离心管壁逐滴加入，边加边轻轻摇动混匀。使 PEG 与细胞混匀，然后，在 37℃水浴中静置 2min。

7. 终止 PEG 作用

缓慢加入 5mL Hanks 液，轻轻吹打混匀，于 37℃水浴中静置 5min。

8. 制备细胞悬液

用吸管轻轻吹打细胞团数次使其分散，1000r/min 离心 5min，使细胞完全沉降。弃去上清液，加 Hanks 液，再离心一次，弃多数上清液，留少许溶液，混匀。

9. 染色和镜检

吸取细胞悬液,在载玻片上滴一滴,加入詹纳斯绿染液混匀,染色 3min 后盖上盖玻片,在显微镜下观察细胞融合情况。

10. 计算细胞融合率

细胞融合率是指在显微镜的视野内,已发生融合的细胞其细胞核总数与该视野内所有细胞(包括已融合细胞)的细胞核总数之比,通常以百分比表示,而且要进行多个视野测定,进行统计分析。

注:将实验设计方案设立为双因素三水平,以三线表的形式列出;小组讨论后,请任课老师审阅并签字。

实验结果讨论:

经 PEG 处理后,在显微镜下,可观察到未融合的单核细胞、融合后的双核细胞和融合后的多核细胞。可用如下公式表示:

$$融合率 = \frac{视野内融合细胞的核数}{视野内的总核数} \times 100\%$$

在实验中统计融合率时,要进行多个视野计数,然后再加以平均,以使计算更为准确。

六、思考题

1. 总结细胞融合实验操作中应该注意的有关事项。

2. 各小组交流实验结果,讨论影响实验结果的各个因素最优化的因素水平;总结出最佳设计方案。

第四节　植物细胞骨架的光学显微镜观察

一、目的要求

掌握植物细胞骨架处理及染色方法。

二、实验原理

当用适当浓度 TritonX-100 处理时,可将细胞内蛋白质破坏,但细胞骨架系统却被保存,后者用考马斯亮蓝 R250 染色,可在光学显微镜下观察到细胞骨架的网状结构。

三、实验器材

1. 材料：洋葱鳞茎。

2. 仪器：显微镜、50mL 烧杯、玻璃滴管、容量瓶、试剂瓶、载玻片、盖玻片、镊子。

四、实验试剂

1. M-缓冲液：50mmol/L 咪唑、50mmol/L KCL、0.5mmol/L MgCl$_2$、1mmol/L EGTA（乙二醇双（α-氨基乙基）醚四乙酸）、0.1mmol/L EDTA、1mmol/L 硫基乙醇或 DTT（二硫苏糖醇）。

2. 6mmol/L pH 6.8 磷酸缓冲液（用 NaHCO$_3$ 调 pH 值）。

3. 1% TritonX-100,用 M-缓冲液配制。

4. 0.2%考马斯亮蓝 R250,其溶剂是：甲醇 46.5mL、冰乙酸 7mL、蒸馏水 46.5mL。

5. 3%戊二醛。

6. 50%、70%、95%乙醇。

五、实验操作

1. 撕取洋葱鳞茎的内表皮细胞（约 1cm^2 大小若干片）置于装有 pH6.8 磷酸缓冲液的 50mL 烧杯中,使其下沉。

2. 吸去磷酸缓冲液,用 1% TritonX-100 处理 20～30min。

3. 吸去 TritonX-100,用 M-缓冲液洗三次,每次 10min。

4. 3%戊二醛固定 0.5～1h。

5. pH6.8 磷酸缓冲液洗三次,每次 10min。

6. 0.2%考马斯亮蓝 R250 染色 20～30min。

7. 用蒸馏水洗 1～2 次,细胞置于载玻片上,加盖玻片,于光学显微镜下观察。

8. 如果效果好,可制成永久封片。

六、思考题

1. 试说明实验中各试剂的作用。

2. M-缓冲液中的各种成分起什么作用？

第五节　动物细胞原代培养

一、目的要求

1. 学习并掌握动物细胞原代培养技术及器具的消毒方法。
2. 学习并掌握动物细胞的机械切割和组织块原代培养方法。

二、实验原理

原代培养是建立各种细胞系的第一步,因此细胞原代培养技术是从事组织培养工作者应熟悉和掌握的最基本的技术。

原代培养也叫初代培养,是从供体取得组织细胞后在体外进行的首次培养。原代培养的细胞具有很多特点,其最大的优点是组织和细胞刚刚离体,生物学特性未发生很大变化,仍具有二倍体遗传性状,最接近和反映供体体内生长特性,因此原代培养细胞是研究基因表达的理想系统,也很适合做药物测试、细胞分化、疫苗制备等实验研究。

原代培养最基本的方法,依据切割方式不同,可分为蛋白酶消化法和组织块直接培养法两种。酶消化法是指将组织剪成小块,然后用蛋白酶消化成单细胞悬液后,再接种培养的方法。组织块直接培养法是指在无菌条件下,从有机体取下组织,用平衡盐溶液漂洗数次后剪碎,加培养液进行培养的方法,它是常用的、简便易行和成功率较高的方法。依据组织块贴壁方式不同,又可分为薄层培养法和翻转干涸法两种。本实验采用翻转干涸法。

三、实验器材

500g 左右活鱼一尾。手术剪、眼科剪、酒精灯、培养皿、细胞瓶、三角瓶、玻璃珠(置于三角瓶内)、漏斗、纱布(置于漏斗中)、30mL 注射器、10mL 注射器、水浴锅、二氧化碳培养箱。

四、实验试剂

MEM 培养液、水、0.25％胰蛋白酶、PBS 缓冲液、双抗、小牛血清。

五、实验操作

1. 鱼类消毒。将所需的一定量水进行煮沸消毒处理。冷却后,加入青霉素至终浓度 1000 单位/mL 水,加入链霉素至终浓度 1000 单位/mL 水(或海水)。

将实验用鱼放入经处理的消毒水(或海水)中浸泡 24h。

2. 用纱布包裹将鱼取出,将其击昏。将欲取材部位如心脏、鳍、肝脏、肌肉等剪下,放入已灭菌的培养皿中,用 75%酒精漂洗一次,去除皮下脂肪和结缔组织。

3. 加入 PBS 缓冲液准备漂洗,每次将废液倒入烧杯。将样本放入已灭菌的青霉素小瓶中加 MEM 0.5～0.8mL(加入前移液管过火焰)。

4. 将眼科剪用酒精棉擦拭后过火焰,左手斜持小瓶,右手将眼科剪伸入小瓶中,反复剪切成 1mm 左右的小块。

5. 剪碎后,将瓶微倾斜,静止片刻,用吸管吸除上清液,用 1mL MEM 进行漂洗。轻摇后(幅度要小,在液体高度范围内,以下同),微倾斜,静止片刻,用吸管吸除上清液,加入 0.5mL MEM,轻轻摇匀。

6. 准备好一个培养瓶,在瓶侧写上标记。用吸管将组织小块转移铺展至培养瓶中(从里向外"之"字形划行移动,边移动边放液);微侧培养瓶,用吸管吸出清液,盖好瓶盖,放置 1～2min,轻轻翻转培养瓶,令瓶底向上。

7. 保持瓶底向上,打开瓶盖,加入 3mL MEM。瓶口及瓶盖过火焰后盖紧。

8. 瓶底向上静置 2～4h,再轻轻将培养瓶翻转过来进行培养。翻转时,要先竖起,再慢慢平放,使培养液缓缓浸没组织块。

9. 培养瓶放入合适温度的培养箱或二氧化碳培养箱培养(注:鱼类细胞一般在 25℃培养)。

六、思考题

绘图说明动物细胞原代培养的结果与分析。

第六节　动物细胞传代培养

一、目的要求

熟练并掌握细胞的传代培养法。

二、实验原理

传代培养是细胞学实验中常规保种方法之一,也几乎是所有细胞学实验的基础。原代培养细胞贴壁生长至铺满培养瓶生长面或悬浮生长细胞密度足够大时,经过对培养细胞的分割,重新接种到两个或两个以上的器皿内进行培养,称为传代。经过传代后的培养叫做传代培养。原代培养物在首次传代后即为细胞系。传代培养可以持续进行多代。能够连续多次传代的细胞系叫做连续细胞系（continuouscellline）；不能连续培养的细胞系为有限细胞系（finitecellline）。而细胞株（cellstrain）是指通过选择法或克隆形成法从原代培养物或细胞系中获得的具有特殊性质或标志（marker）的培养物。单个细胞经过克隆培养形成的细胞群体即为细胞株。如果细胞群体中绝大多数细胞的染色体数目为二倍体，且核型也与原来的组织相同，那么，该细胞叫做二倍体细胞。如果细胞在取材时或在组织培养过程中发生了遗传性状的改变，细胞转化后的性状可以代代相传，并能长期存在，则称为转化细胞（transformed cell）。实验室保留的细胞多为转化细胞。传代培养可获得大量细胞供各种实验所需。传代要在严格的无菌条件下进行。维持细胞在体外生长的操作环境一般在无菌室（密闭、紫外线杀菌）进行；近年来多应用洁净工作台，借助空气过滤和高速吹风使细菌不能下落。也有二者结合使用的。操作人员的手必须洗净和消毒。每一步操作都需要认真仔细地无菌操作，以保证实验的正常进行。

除了盖片微室悬滴培养法、半固体培养法、克隆培养法、回转器培养法等方法外，组织培养的基本方法主要包括以下几种。

1. 静置培养：将细胞悬液接入培养瓶或培养皿中，置恒温培养箱内静置培养。细胞沉降到培养瓶底或培养皿底后粘附在瓶底表面上，细胞生长分裂后沿瓶底侧向铺开成单层细胞。正常细胞在细胞相互接触后停止繁殖。而转化的细胞失去接触抑制而造成多层生长。有些细胞落至瓶底后并不贴壁，而是浮在瓶底，轻轻振荡即可悬浮起来。这种细胞均呈球状。

2. 悬浮培养：通过振荡或转动装置使细胞始终分散悬浮于培养液内的培养方法，有利于细胞吸收营养物质和氧气。

3. 转瓶培养：将细胞悬液接入转瓶中，待贴壁后置于细胞转瓶机上进行培养，使贴壁细胞并不是始终浸于培养液中，从而有利于细胞呼吸和物质交换，使细胞的生长加速。

4. 微载体培养：以细小的微载体颗粒作为细胞载体，通过搅拌悬浮于培养液内，接种细胞，使细胞在微载体表面长成单层的一种细胞培养技术。微载体可以提高供细胞贴附的表面积。

5. 中空纤维细胞培养（hollow-fiber）：也是一种提高细胞生长表面积的方法。利用一种人工的毛细管即中空纤维给培养的细胞提供表面。中空纤维培养技术的优点是不产生剪切和营养成分的选择性渗入，使培养细胞和产物密度提高；缺点是观察困难。目前中空纤维反应器已进入工业化细胞生产，用于培养杂交瘤细胞来生产单克隆抗体。

6. 微囊化细胞培养：微囊化培养是借助固定化技术将细胞包裹在半透膜

微囊中,在培养液中悬浮培养。该方法同样可以克服旋转培养时的剪切作用,并方便细胞产物的分离纯化处理。

三、实验器材

1. 材料:HeLa 细胞系。
2. 仪器:CO_2 培养箱、倒置显微镜、超净工作台、水浴锅、无菌培养瓶、无菌试管、无菌刻度移液管、无菌巴斯德吸管、废液缸、75%酒精棉球、酒精灯。

四、实验试剂

培养液(RPMI 1640 或 DMEM)、小牛血清或胎牛血清、0.25%胰蛋白酶、Hanks 液、新洁尔灭溶液。

五、实验操作

1. 贴壁细胞的传代
(1) 入无菌室之前首先要用肥皂洗手,用新洁尔灭溶液拭擦双手消毒。
(2) 打开超净工作台的紫外消毒灯(紫外消毒 20~30min)。从 CO_2 培养箱取出培养细胞,倒置显微镜下观察细胞形态和生长密度,确定细胞是否需要传代及细胞需要稀释的倍数。将培养用液置于 37℃下预热。
(3) 将超净台台面收拾整洁,用 75%乙醇擦双手消毒,并擦净台面。
(4) 关闭已照射超净工作台 20min 左右的紫外灯,打开抽风机清洁空气,除去臭氧。
(5) 点燃酒精灯;取出无菌试管过酒精灯火焰后插入试管架内。取出巴斯德吸管和刻度吸管,安上橡皮头,过乙醇灯火焰后,插在无菌试管内。
(6) 将培养用液瓶口用 75%乙醇消毒,去除瓶口胶塞,过酒精灯火焰后斜置于酒精灯旁的架子上。
(7) 培养液的配制:将已经配好的合成培养液(RPMI 1640 或 DMEM)与小牛血清或胎牛血清以 9∶1 的比例混合,配成工作液(完全培养基)。
(8) 倒掉细胞旧培养液。酌情先用 0.5~1mL 的胰蛋白酶涮洗一下培养瓶,去残留的旧培养液,解除残留血清对胰蛋白酶的抑制作用。
(9) 每个大培养瓶加入 1mL 胰酶。盖好瓶盖后在倒置显微镜下观察,当细胞突起收回即将变圆时立即翻转培养瓶,使细胞脱离胰蛋白酶,然后将胰蛋白酶去掉。注意勿使细胞提早脱壁落入消化液中。
(10) 加入 5mL 的含血清的新鲜培养基,反复吹打贴附细胞的培养瓶底使消化好的细胞脱壁并分散,制成细胞悬液并计数。根据计数结果,按每个小方瓶

3×10^5 接种细胞做传代培养,添加培养液至 3mL,制成 1×10^5 个细胞/mL 的细胞悬液,然后分装到一个新培养瓶中。盖上瓶盖,适度拧紧后再稍回转,给出空气通道,以利于 CO_2 气体的进出,将培养瓶放回 CO_2 培养箱。

（11）也可将上述消化下来的细胞悬液接种到内含盖玻片的小平皿中进行爬片培养。每个小平皿加入 1×10^5 个细胞/mL 的细胞悬液 4mL,内含 4 张盖玻片。

2. 悬浮培养细胞传代

悬浮培养的细胞传代培养操作比较简单,首先在倒置显微镜下观察细胞密度,或用细胞计数板计数细胞,确定细胞稀释的倍数。然后离心（800r/min,5～10min）去除旧的培养液,加入适量新鲜培养液,制成 1×10^8 个细胞/mL 的细胞悬液。然后分装到数个新培养瓶中。盖上瓶盖,适度拧紧后再稍回转,给出空气通道,以利于 CO_2 气体的进出,将培养瓶放回 CO_2 培养箱培养。

六、思考题

1. 细胞传代培养的目的是什么?
2. 采取何种手段使在传代过程中不被微生物污染?
3. 传代贴壁细胞和悬浮细胞方法上有什么不同?

第七节　细胞的冻存与复苏

一、目的要求

掌握细胞保存的原理和方法,能独立地进行细胞冻存与复苏操作。

二、实验原理

细胞冻存是保存细胞的主要方法之一。低温条件可降低细胞的生命活动、代谢速度和对营养的需求。在 0℃ 以下的冰冻条件下,细胞内生命分子的热运动和化学反应受到了极大的限制,细胞处于代谢最低甚至停滞状态。因此利用冻存技术,将细胞置于 −196℃ 的液氮中低温保存,可以使细胞暂时脱离生长状态而将其特性保存起来,这样在需要的时候再复苏细胞用于实验。而且适度地保存一定量的细胞,可以防止因正在培养的细胞被污染或其他意外事件而使细胞丢种的危险,起到了细胞保种的作用。除外,还可以利用细胞冻存的形式来购买、寄赠、交换和运送某些细胞。

细胞冻存较难处理的技术环节是细胞通过 0℃ 这一温度点时由于细胞内外

的水分结冰所造成的冰凌形成,这些冰晶会造成细胞膜和细胞器的破坏并引起细胞死亡。为了防止这一现象的发生,在细胞冻存时向培养液中加入保护剂:终浓度 5%～15% 的甘油或二甲基亚砜(DMSO),可使溶液冰点降低,加之在缓慢冻结条件下,细胞内水分透出,减少了冰晶形疵,可避免细胞损伤。

采用"慢冻快融"的方法能较好地保证细胞活力的保存。标准冷冻速度开始为 -2～-1℃/min,当温度低于 -25℃ 时可加速降温,到 -80℃ 之后可直接投入液氮内(-196℃)。复苏细胞时则采取突然苏醒的方式,直接将 -196℃ 下装有细胞的冻存管投入 37～40℃ 热水中迅速化冻,快速地恢复到正常温度,使细胞内外不会重新形成较大的冰晶,也不会暴露在高浓度溶质的溶液中过长时间。快速复苏使细胞迅速回到正常温度下,恢复其生长和代谢机能。

三、实验器材

1. 材料:HeLa 细胞系。

2. 仪器:4℃冰箱、-70℃冰箱、液氮容器、水浴锅、离心机、显微镜、冻存管、离心管、细胞培养用材料、500mL 烧杯、微量加样器、细胞计数板。

四、实验试剂

培养液(RPMI 1640 或 DMEM)、小牛血清、0.25%胰蛋白酶溶液、二甲基亚砜(DMSO)或甘油(高压灭菌)、0.4%台盼蓝染液、液氮。

五、实验操作

1. 细胞冻存

(1) 用紫外消毒灯消毒超净工作台面;清洗消毒手部;观察细胞;预热培养用液;点燃酒精灯;取出巴斯德吸管、刻度吸管等插在无菌试管内。

(2) 冻存液的配制:10%甘油+90%培养基,或者 10%DMSO+90%培养基。用于配制冻存液的培养基中小牛血清浓度适量提高至 20%。所用的甘油需事先高压灭菌,如使用 DMSO,则不需要任何灭菌措施。

(3) 取待冻存的细胞用胰蛋白酶消化(方法见细胞的传代培养部分)。用含血清的培养基将细胞冲洗下来。将细胞悬液吸到无菌离心管中,800r/min 离心5min,弃上清液,收集细胞沉淀。如果是悬浮生长的细胞,则可直接离心收集细胞。

(4) 在沉淀中加入适量冻存液制成细胞悬液。细胞浓度宜大,300 万/mL左右,一般一个 25mL 方瓶中的细胞浓缩至 1mL 冻存液中为宜。

(5) 细胞悬液装入冻存管中。用纱布及棉花封裹扎紧,做好标记。

（6）冻存管在冰箱 4℃下存放 30min，转放 －20℃ 中 1.5～2h，再转入－70℃，4～12h 后即可转移到液氮罐内（－196℃）。

2. 细胞复苏

（1）取一有把塑料杯盛上适量自来水用水浴锅加热至 40℃ 左右，或直接使用 37～38℃ 的水浴。从液氮中取出冻存管立即用长镊子夹住，投入温水中迅速化冻。

（2）取出冻存管，擦去表面的水，用 75% 乙醇清洁管口，拧开。

（3）如果是添加 DMSO 的冻存液，则需要将 DMSO 去除。离心去上清液收集细胞沉淀，加入无血清培养液洗一次，再次离心去上清液。加入 3mL 含 10% 牛血清的新鲜培养基，于小培养瓶中培养。如果是添加甘油的冻存液，则不必去除，直接加入 2mL 含 10% 牛血清的新鲜培养基，吸入小培养瓶中培养。

（4）吸取冻存管中剩余的冻存原液 $27\mu L$ 至一次性 PE 手套上再加入 $3\mu L$ 台盼蓝染液，混匀，滴加在细胞计数板上。显微镜下计数细胞，以检查复苏细胞的存活率。活细胞不被台盼蓝染色，仍呈半透明的近白色，细胞质衍射状态；死细胞的细胞膜破损，无力将台盼蓝排除，台盼蓝进入细胞，细胞呈蓝色。

（5）计算细胞存活率。

（6）每日观察细胞生长情况，如果死细胞较多，复苏次日应换液。待细胞长满后可进行传代培养。

六、思考题

1. 如何运用"缓慢冻存，快速复苏"的原理保存细胞？
2. 冻存液的作用是什么？
3. 什么状态的细胞适合冻存？
4. 说明细胞冻存的注意事项。

第八节 细胞凋亡的诱导和检测

一、目的要求

1. 通过不同诱导物或同一诱导物不同诱导时间对细胞凋亡诱导的影响研究，了解细胞凋亡的机制及生物学意义。

2. 了解细胞凋亡的诱导和检测方法；初步掌握实验方案设计、数据整理及结果分析和综合设计型细胞生物学实验报告的撰写技能。

二、实验原理

20 世纪 60 年代人们注意到细胞存在着两种不同形式的死亡方式：凋亡（apoptosis）和坏死（necrosis）。细胞坏死指病理情况下细胞的意外死亡，坏死过程细胞膜通透性增高，细胞肿胀，核碎裂，继而溶酶体、细胞膜破坏，细胞内容物溢出，细胞坏死常引起炎症反应。

细胞凋亡 apoptosis 一词来源于古希腊语，意思是花瓣或树叶凋落，意味着生命走到了尽头，细胞到了一定时期会像树叶那样自然死亡。凋亡是细胞在一定生理或病理条件下遵守自身程序的主动死亡过程。凋亡时细胞皱缩，表面微绒毛消失，染色质凝集并呈新月形或块状靠近核膜边缘，继而核裂解，由细胞膜包裹着核碎片或其他细胞器形成小球状凋亡小体凸出于细胞表面，最后凋亡小体脱落被吞噬细胞或邻周细胞吞噬。凋亡过程中溶酶体及细胞膜保持完整，不引起炎症反应。细胞凋亡时的生化变化特征是核酸内切酶被激活，染色体 DNA被降解，断裂为 $50\sim300$kb 长的 DNA 片段，再进一步断裂成 $180\sim200$bp 整倍数的寡核苷酸片断，在琼脂糖凝胶电泳上呈现"梯状"电泳图谱（DNA ladder）。细胞凋亡在个体正常发育、稳态维持、免疫耐受形成、肿瘤监控和抵御各种外界因素干扰等方面都起着关键性的作用。

1. 细胞凋亡的检测方法

凋亡细胞具有一些不同于坏死细胞的形态特征和生化特征，据此可以鉴别细胞的死亡形式。细胞凋亡的机制十分复杂，一般采用多种方法综合加以判断，同时不同类型细胞的凋亡分析方法有所不同，方法选择依赖于具体的研究体系和研究目的。

（1）形态学观察方法：利用各种染色法可观察到凋亡细胞的各种形态学特征。

① DAPI 是常用的一种与 DNA 结合的荧光染料。借助于 DAPI 染色，可以观察细胞核的形态变化。

② Giemsa 染色法可以观察到染色质固缩、趋边、凋亡小体形成等形态。

③ 吖啶橙（AO）染色，荧光显微镜观察，活细胞核呈黄绿色荧光，胞质呈红色荧光。凋亡细胞核染色质呈黄绿色浓聚在核膜内侧，可见细胞膜呈泡状膨出及凋亡小体。

④ 吖啶橙（AO）/溴化乙啶（EB）复染可以更可靠地确定凋亡细胞的变化，AO 只进入活细胞，使正常细胞及处于凋亡早期的细胞核呈现绿色；EB 只进入死细胞，将死细胞及凋亡晚期的细胞核染成橙红色。

⑤ 台盼蓝染色对反映细胞膜的完整性、区别坏死细胞有一定的帮助，如果

细胞膜不完整、破裂,台盼蓝染料进入细胞,细胞变蓝,即为坏死;如果细胞膜完整,细胞不为台盼蓝染色,则为正常细胞或凋亡细胞。使用透射电镜观察,可见凋亡细胞表面微绒毛消失,核染色质固缩、边集,常呈新月形,核膜皱褶,胞质紧实,细胞器集中,胞膜起泡或出"芽"及凋亡小体和凋亡小体被邻近巨噬细胞吞噬现象。

⑥ 苏木精-伊红(HE)染色是经典的显示细胞核、细胞质的染色方法,染色结果清晰。发生凋亡的细胞经 HE 染色后,其细胞大小的变化及特征性细胞核的变化:染色质凝集、呈新月形或块状靠近核膜边缘、晚期核裂解、细胞膜包裹着核碎片"出芽"凸出于细胞表面形成凋亡小体等均可明显显示出来。

(2) DNA 凝胶电泳:细胞发生凋亡或坏死,其细胞 DNA 均发生断裂,细胞内小分子质量 DNA 片段增加,高分子 DNA 减少,胞质内出现 DNA 片段。但凋亡细胞 DNA 断裂点均有规律地发生在核小体之间,出现 $180\sim200bp$ DNA 片段,而坏死细胞的 DNA 断裂点为无特征的杂乱片段,利用此特征可以确定群体细胞的死亡,并可与坏死细胞区别。

(3) 酶联免疫吸附法(ELISA)核小体测定:细胞凋亡时,Ca^{2+}、Mg^{2+} 依赖的内源性核酸内切酶将双链 DNA 从各核小体间连接区裂断,产生单或寡核小体,各核小体的 DNA 与核心组蛋白 H2A、H2B、H3、H4 形成紧密的复合物而对内源性核酸酶有抵抗使之不被内源性核酸酶裂解。可通过 ELISA 进行检测,主要使用单克隆抗 DNA 抗体和抗组蛋白抗体直接检测 DNA 和组蛋白。该法敏感性高,不需要特殊仪器,可用于人、大鼠、小鼠的凋亡检测。

(4) TUNEL 法:细胞凋亡中,染色体 DNA 双链断裂或单链断裂而产生大量的粘性 $3'$-OH 末端,可在脱氧核糖核苷酸末端转移酶(TdT)的作用下,将脱氧核糖核苷酸和荧光素、过氧化物酶、碱性磷酸酶或生物素形成的衍生物标记到 DNA 的 $3'$-OH 末端,从而可进行凋亡细胞的检测,这类方法称为脱氧核糖核苷酸末端转移酶介导的缺口末端标记法(terminal-deoxynucleotidyl transferase mediated nick end labeling,TUNEL)。由于正常的或正在增殖的细胞几乎没有 DNA 的断裂,因而没有 $3'$-OH 形成,很少能够被染色。TUNEL 对完整的单个凋亡细胞核或凋亡小体进行原位染色,能准确地反映细胞凋亡典型的生物化学和形态特征,可用于石蜡包埋组织切片、冰冻组织切片、培养的细胞和从组织中分离的细胞的细胞形态测定,并可检测出极少量的凋亡细胞,因而在细胞凋亡的研究中被广泛采用。

(5) 流式细胞仪定量分析:流式细胞术(flow cytometry)是 20 世纪 70 年代发展起来的一种利用流式细胞仪对细胞特征及细胞或细胞器的组成进行快速定量分析与分选的一门技术。流式细胞仪由液流系统(鞘液室、废液箱、鞘液管、样本管、压力系统、流动室或喷嘴)、光学系统(激光光源、透镜、滤片)、电子系统(光电倍增管、信号放大器)、计算机系统以及分选系统等组成。

当经过荧光染色样品悬液注入样品室、不含样品的鞘液注入鞘室后,两种液体被高压推动从喷嘴一起喷出,由于动力学原理,单个样品被鞘液包裹,排列成束并高速运动。随后样品束与激光器产生的激光束呈 $90°$ 垂直相遇,激光使样品产生荧光和各个方向的散射光,信号检测器的阻断滤片和双色反射镜可以除去激发光,仅让需要的荧光通过,光电倍增管对荧光进行检测并将荧光转化为电信号。各种散射光中,前向角散射光(forward light scatter,FSC,与激光夹角 $0.5°\sim2°$)和垂直角散射光(side scatter,SSC,与激光束夹角 $90°$)与样品含有的颗粒数量有关,散射光检测器可以对这两种光进行检测。每个样品颗粒所产生的荧光和散射光通过检测器时均能被测定,如果对荧光或散射光设定一定分选值,控制系统可以将每一个颗粒所产生的荧光和散射光强度与该值进行比较,并决定对该液滴充以正电荷、负电荷或者不充电。在高压偏转电场中,带有不同电荷或不带电荷的样品颗粒具有不同的运动轨迹,从而被收集到不同的容器中。流式细胞仪可在短时间内对成千上万的样品进行分析,分离准确率达到 99% 以上。

例如,检测形态学及细胞膜完整性的 Hoechs-PI 双染色法是目前广泛应用的方法。其原理是:细胞一旦发生凋亡,其细胞膜的通透性增加;但其程度介于正常细胞和坏死细胞之间。利用这一特点,被检测细胞悬液用荧光素染色,利用流式细胞仪检测细胞悬液中细胞荧光强度来区分正常细胞、坏死细胞和凋亡细胞。利用 Hoechs-PI 双染料染色法即可鉴别,正常细胞对染料有抗拒性,荧光染色很浅;凋亡细胞主要摄取 Hoecha 染料,呈现强蓝色荧光;而坏死细胞主要摄取碘化丙啶(PI)而呈强的红色荧光。

2. 细胞凋亡的诱导因素

诱导凋亡的因素包括物理因素、化学因素以及生物因素。

物理性因子:包括射线(紫外线、γ 射线等)、较温和的温度刺激(如热激、冷激)等。

化学及生物因子:包括活性氧基团和分子,DNA 和蛋白质合成的抑制剂,激素,细胞生长因子,肿瘤坏死因子 a(TNFa),抗 Fas/Apo-1/CD95 抗体等。而过氧化氢(H_2O_2)、醋酸、高渗透压和高盐浓度等均可以诱导酿酒酵母的凋亡,葡萄糖是酿酒酵母生长所必需的重要营养物质之一,但在其他营养元素缺乏的条件下,只用葡萄糖培养也可迅速地诱导酿酒酵母的细胞凋亡。

三、实验器材

1. 材料:Hela 细胞系、lx-2 细胞系、HepG2 细胞系等供选。

2. 仪器：超净工作台、离心机、天平、荧光显微镜、透射电子显微镜、振荡培养箱、CO_2 培养箱、电泳仪、电泳槽、流式细胞仪、注射器、试管等。

四、实验试剂

MS 培养基、1%DAPI、血清、DMEM 培养基、YPD 培养基、吖啶橙/溴化乙啶（AO/EB）的 PBS 溶液、Giemsa 染液、磷酸盐缓冲液（PBS）、琼脂糖、TAE 缓冲液。

五、实验操作

1. 查阅资料，选题

由教师提供实验技术方向即荧光显微镜和透射电子显微镜两大方向，学生自选定研究课题；或由教师学生共同查阅资料，根据细胞生物学及细胞工程理论课所学知识，就以上实验目的以小组为单位自行命题，报教师审批。选择诱导凋亡的因素和细胞材料。

2. 师生共同综述研讨资料，灵活运用所学知识和技能设计实验

根据选择的课题，以小组为单位，经充分讨论后设计出实验方案，设计实验方案包括确定诱导条件（如诱导剂的浓度、诱导时间等）、确定合适的凋亡检测方法和步骤。将实验方案交教师审阅、修改、完善，经教师审批后实施。

3. 实施并完成自行设计的实验

根据实验设计技术路线，进行实验前的准备工作，实验用复杂溶液配置可在老师指导下进行，实验过程中要严格遵守操作规程，独立完成。并做好实验记录，向教师报告实验情况和结果，经教师批准后方可结束实验。

4. 分析实验结果，写出实验报告

分析讨论实验结果（见图 7-1），得出实验结论，并以小论文格式书写实验报告，内容包括摘要、前言、材料与方法、实验结果、讨论、参考文献等几部分。

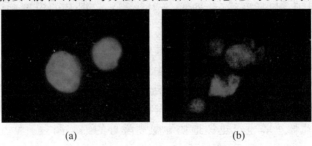

(a)   (b)

图 7-1 细胞凋亡的形态学

(a) 正常的癌细胞；(b) 凋亡的癌细胞

【注意事项】

这次的实验其实是三单元时间完成的。传代、诱导、染色及观察,且因各组同学的不同选择,而存在差异。每一次的操作都会对后续实验有所影响。例如第一天传代的时候如果能做得比较好,得到细胞较多,在染色时可见较多贴壁细胞,就可以省去很多离心的步骤,使实验变得简单。

诱导的操作很简单,但是要理解它的意义。首先,细胞凋亡分自发凋亡和诱导凋亡,诱导凋亡又有物理、化学、生物诱导之分。我们采取的是化学诱导法,即利用化学试剂双氧水进行凋亡诱导;然后,我们在诱导后 24h 染色观察,这个时间是经过大量对照的实验得出来的,凋亡并不是同步的,但是在 24h 已经有很多细胞处于凋亡状态,足以观察。染色有两种方案,如果贴壁细胞多就可以直接在平皿中进行,如果较少则需胰酶处理后经多次离心再染色制片,前者简单但是对试剂的消耗较大,后者复杂但是更节约试剂。染色要求我们对染料有基本的认识,DAPI 染料会发生荧光淬灭,所以要注意避光,另外,它是一种很强的染料,所以不用担心放得太久会褪色,知道这些在操作中便更清楚哪些是要小心的,哪些是不用担心的。

六、思考题

1. 如何区分细胞凋亡和细胞坏死?
2. 分析获得的细胞凋亡透射电子显微镜图片。

附录 A

实验室守则

1. 必须提前 5min 到实验室并签到,不串课,不迟到,不早退。

2. 自觉遵守课堂纪律,保持室内安静,手机要关闭或静音。

3. 实验室内必须穿实验服,并且要将扣子佩带整齐;严禁穿拖鞋,女同学需将长发束起;严禁吃东西、喝水及吃口香糖。

4. 非必要的物品和书包请勿带入实验室内,带入室内的物品等要放置在指定位置,不要放在实验台的抽屉或柜子里。

5. 使用药品、试剂和各种物品必须注意节约,不要使用过量的药品和试剂。应特别注意保持药品和试剂的纯净,严防混杂污染。试剂用完后应及时放回,便于别人使用,试剂瓶塞不得乱盖。

6. 实验台必须保持整洁,仪器药品摆放井然有序。实验完毕,需要将药品、试剂摆放整齐,仪器洗净倒置放好,实验台面抹试干净,经教师验收仪器后,方可离开实验室。

7. 使用和洗涤仪器时,应小心谨慎,防止损坏仪器。使用精密仪器时,应严格遵守操作规程。仪器损坏时,立即如实向教师报告,填写损坏仪器登记表,然后补偿一定金额。

8. 注意安全。酒精灯随用随关,不能直接加热乙醇、丙酮、乙醚等易燃物品。离开实验室以前,确认关好仪器电源、水龙头及门窗。

9. 在实验过程中要听从教师的指导,严肃认真地按照操作规程进行实验,并简要、准确地记录实验结果和数据。实验完成后经教师检查签字,方可离开。课后完成实验报告。

10. 废弃物应倒入废品缸内。

11. 实验室内一切物品未经本室负责教师批准,严禁带出室外,借物必须办理登记手续。

12. 每次实验课安排同学轮流值日,值日生要负责当天实验的卫生和安全检查。

附录 B

实验记录和实验报告

一、实验记录

1. 实验前，认真预习实验内容，初步了解实验的目的要求、实验原理，对操作步骤要做到心中有数，预测实验中的注意事项，简要书写预习报告。

2. 实验中，及时记录观察到的结果和数据，做到准确、客观、详尽、清楚。此外，实验中使用的仪器的类型、编号以及试剂的名称、浓度都应该记录清楚。

二、实验报告

实验后，及时整理和总结实验结果，撰写实验报告。一般包括实验封皮、目的要求、实验原理、实验操作、实验结果、分析与讨论、思考题等。

实验封皮部分除实验名称外，还包括实验时间、实验地点、实验者姓名、同组者姓名等；实验原理部分简要地阐述实验的理论指导；操作方法不能完全照抄实验指导书，可简要地把步骤一步步写出，也可用流程图或自行设计表格表达，还可以和结果部分合并；分析与讨论是对整个实验结果的总结分析，对实验中遇到的问题和思考题的探讨以及实验的改进意见等。

参考文献

[1] 孙敬三，朱至清. 植物细胞工程试验技术[M]. 北京：化学工业出版社，2006.

[2] 拉兹丹. 植物组织培养导论[M]. 2 版. 肖尊安，祝杨，译. 北京：化学工业出版社，2004.

[3] 王金发，何炎明. 细胞生物学实验教程[M]. 北京：科学出版社，2004.

[4] 苏国庆，王莉，刘玉军. 植物细胞培养中的高产细胞系筛选[J]. 海南师范学院学报（自然科学版），2005，18(4)：364-369.

[5] Yamamoto Y, et al. selection fo a high and stable pigment-producing strain in cultured Euphorbia milii cells[J]. Theoretical and Applied Genetics，1982，61：113-116.

[6] 杜金华，张开利，郭勇. 玫瑰茄愈伤组织产花青素的诱导[J]. 郑州粮食学院学报，1997，18(4)：89-93.

[7] 田新民，周香艳，弓娜. 流式细胞术在植物学研究中的应用——检测植物核 DNA 含量和倍性水平[J]. 中国农学通报，2011，27(9)：21-27.

[8] 金亮，薛庆中，肖建富，等. 不同倍性水稻植株茎解剖结构比较研究[J]. 浙江大学学报，2009，35(5)：28-29.

[9] Chen R Y, et al. A new method of preparing mitotic chromosomes from plants[J]. Acta Botanica Sinica，1979，21：297-298.

[10] Chen R Y, et al. Wall degradation hypotonic method of preparing chromosome samples in plants and its significance in the cytogenetics[J]. Acta Genetica Sinica，1982，9：151-159.

[11] 陈钧辉. 生物化学实验（国家精品课程配套教材）[M]. 4 版. 北京：科学出版社，2008.

[12] 俞建瑛，蒋宇，王善利. 生物化学实验技术（高等学校教材）[J]. 北京：化学工业出版社，2005.

[13] 王晓华，朱文渊. 生物化学与分子生物学实验技术（普通高等教育"十一五"规划教材）[M]. 北京：化学工业出版社，2008.

[14] 陈雅蕙. 生物化学实验原理和方法（北京市高等教育精品教材立项项目·高等院校生命科学实验系列教材）[M]. 2 版. 北京：北京大学出版社，2009.

[15] 余瑞元，袁明秀，陈丽蓉，等. 生物化学实验原理和方法[M]. 2 版. 北京：北京大学出版社，2005.

[16] 王林嵩. 生物化学实验技术[M]. 北京：科学出版社，2007.

[17] 董晓燕. 生物化学实验[M]. 北京：化学工业出版社，2008.

[18] 刘松梅，赵丹丹，李盛贤. 生物化学[M]. 哈尔滨：哈尔滨工业大学出版社，2013.

[19] 沈平，陈向东. 微生物学实验[M]. 4 版. 北京：高等教育出版社，2007.

[20] 周德庆. 微生物学实验教程[M]. 2 版. 北京：高等教育出版社，2006.

［21］ 全桂静，雷晓燕，李辉. 微生物学实验指导［M］. 北京：化学工业出版社，2010.

［22］ 周长林. 微生物学实验与指导［M］. 北京：中国医药科技出版社，2010.

［23］ 陈金春，陈国强. 微生物学实验指导［M］. 北京：清华大学出版社，2005.

［24］ 黄秀梨，辛明秀. 微生物学实验指导［M］. 北京：高等教育出版社，2005.

［25］ 李朝品. 微生物学与免疫学实验指导［M］. 北京：人民卫生出版社，2007.

［26］ 蔡信之，黄君红. 微生物学实验［M］. 北京：科学出版社，2010.

［27］ 宋渊. 微生物学实验教程［M］. 北京：中国农业大学出版社，2012.

［28］ 苏平，周增强，朱建兰，等. 苹果轮纹病菌 DNA 提取方法的比较［J］. 甘肃农业大学学报，2010，45(6)：99-104.

［29］ 张维铭. 现代分子生物学实验手册［M］. 北京：科学出版社，2005.

［30］ 郭德栋，康传红，刘丽萍，等. 异源三倍体甜菜(VVC)无融合生殖的研究［J］. 中国农业科学，1999，32(4)：1-5.

［31］ 王桂芝，郭德栋，贾树彪，等. 栽培甜菜（Beta vulgaris L.）和白花甜菜（Beta corolliflora Zoss.）种间杂交及细胞遗传学研究［J］. 中国甜菜糖业，1994，3：7-15.

［32］ 戈岩，何光存，王志伟，等. 无融合生殖甜菜 M14 的 GISH 和 BAC-FISH 研究［J］. 中国科学（C 辑：生命科学），2007，37(3)：209-216.

［33］ 于冰，李海英，马春泉，等. 甜菜无融合生殖系花期差异表达基因 cDNA 文库的构建［J］. 高技术通讯，2006，16(9)：954-957.

［34］ Fang X H，Guo D D，Xu Z Y，et al. Construction of a binary BAC library for an apomictic monosomic addition line of *Beta corolliflora* in sugar beet and identification of the clones derived from the alien chromosome［J］. Theoretical and Applied Genetics，2004，108：1420-1425.

［35］ 李海英，马春泉，于冰，等. 利用 mRNA 差异显示技术分离甜菜 M14 品系特异表达基因的 cDNA 片段［J］. 植物研究，2007，27(4)：465-468.

［36］ Wang Y G，Chen S X，Li H Y. Advances in quantitative proteomics［J］. Frontiers in Biology，2010，5(3)，195-203.

［37］ Ma C Q，Wang Y G，Wang Y T，et al. Identification of a sugar beet *BvM14-MADS* box gene through differential gene expression analysis of monosomic addition line M14［J］. Journal of Plant Physiology，2011，168(16)：1980-1986.

［38］ Wang Y G，Zhan Y N，Wu C，et al. Cloning of a cystatin gene from sugar beet M14 that can enhance plant salt Tolerance［J］. Plant Science，2012，191-192：93-99.

［39］ 曹立成. 甜菜 M14 品系分子标记的研究（硕士学位论文）［D］. 哈尔滨：黑龙江大学生命科学学院，2006.

［40］ Higuchi R，Fockler C，Dollinger G，et al. Kinetic PCR analysis：real-time monitoring of DNA amplification reactions［J］. Biotechnology，1993，11(9)：1026-1030.

［41］ 雷学忠，陈守春，赵连三. 定量 PCR 技术研究进展［J］. 四川医学，2000，21(11)：991.

［42］ Clegg R M. Fluorescence resonance energy transfer［J］. Curr Opin Biotechnol，1995，

6(1)：103-110.

[43] 陈旭，齐凤坤，康立功，等. 实时荧光定量 PCR 技术研究进展及其应用[J]. 东北农业大学学报，2010，41(8)：148-155.

[44] Nathalie D, Axelle D, Véronique S, et al. Quantification of Human immunodeficiency virus type 1 proviral load by a TaqMan real-time PCR assay[J]. Clin Microbiol, 2001, 39：1303-1310.

[45] Andersen C L, Jensen J L, Orntoft T F. Normalisation of real-time quantitative reverse transcription-PCR data：a model-based variance estimation approach to identify genes suited for normalization, applied to bladder and colon cancer data sets[J]. Cancer Res, 2004, 64：5245-5250.

[46] Petit L, Baraige F, Balois A M, et al. Screening of genetically modified organisms and specific detection of Bt176 maize in flours and starches by PCR-enzyme linked immunosorbent assay[J]. European Food Research and Technology, 2003, 217(1)：83-89.

[47] Ingham D J, Beer S, Money S, et al. Quantitative real-time PCR assay for determining transgene copy number in transformed plants[J]. Biotechnolog, 2001, 31(1)：132-140.

[48] 黄留玉. PCR 最新技术原理、方法及应用[M]. 北京：化学工业出版社，2005.

[49] 周晓丽，朱国坡，李雪华，等. 实时荧光定量 PCR 技术原理与应用[J]. 中国畜牧兽医，2010，37(2)：87-89.

[50] 袁继红. 实时荧光定量 PCR 技术的试验研究[J]. 现代农业科技，2010，13：20-22.

[51] 赵焕英，包金风. 实时荧光定量 PCR 技术的原理及其应用研究进展[J]. 中国组织化学与细胞化学杂志，2007，16(4)：492-497.

[52] 刘丽，李琦华，余红心，等. 实时荧光定量 PCR 技术在水产研究中的应用[J]. 中国农业科技导报，2009，2：27-29.

[53] Wolfgang K, Jonathan N, Karas S, et al. Fluorogenic primers for real-time PCR[J]. American Biotechnology Laboratory, 2003,(7)：52-56.

[54] Fuchus E, Cleveland D W. Structural scaffolding of IFs in health and disease[J]. Science, 1998, 279：514-519.

[55] Helenius A, McCaslin D R, Fries E, et al. Properties of detergents[J]. Methods Enzymol, 1979, 56：734-749.

[56] Burnette W N. "Western blotting"：electrophoretic transfer of proteins from sodium dodecyl sulfate-polyacrylamide gels to unmodified nitrocellulose and radiographic detection with antibody and radioiodinated protein A[J]. Anal Biochem, 1981, 112(2)：195-203.

[57] Kurien B T, Scofield R H. Introduction to protein blotting[J]. Methods Mol Biol, 2009, 536：9-22.

［58］ Parks L G，Cheek A O，Denslow N D，et al. Fathead minnow(Pimephales Promelas) Vitellogenin：purification，characterization and quantitative immunoassay for the detection of estrogenic compounds［J］. Comp Biochem Physiol，1999，123（C）：113-125.

［59］ Melo A C A，Valle D，Machado E A，et al. Synthesis of vitellogenin by the follicle cells of *Rhodnius prolixus*［J］. Insect Biochem Mol Biol，2000，30：549-557.

［60］ Venugopal K J，Kumar D. Vitellins and vitellogenins of Dysdercus koenigii (Heteroptera：Pyrrhocoridae)-Identification，purification and characterization［J］. Comp Biochem Physiol，1999，124(2)：215-233.

［61］ 郭春燕，詹克慧. 蛋白质组学技术研究进展及应用[J]. 云南农业大学学报，2010，25(4)：583-591.

［62］ 郭善利，刘林德. 遗传学实验教程[M].2 版. 北京：科学出版社，2010.

［63］ 张文霞，戴灼华. 遗传学实验指导[M]，北京：高等教育出版社，2007.

［64］ 冯伯森. 动物细胞工程原理与实践[M]. 北京：科学出版社，2000.

［65］ 王捷主. 动物细胞培养技术与应用[M]. 北京：化学工业出版社，2004.

［66］ 张元兴，等. 动物细胞培养工程[M]. 北京：化学工业出版社，2007.

［67］ 程宝鸾. 动物细胞培养技术[M]. 广州：中山大学出版社，2006.

［68］ 杨淑慎. 细胞工程[M]. 北京：科学出版社，2009.

［69］ 完全培养基、无血清培养基、原代培养. 百度百科. http://baike.baidu.com.

［70］ 丁明孝，苏都末日根，王喜东，等. 细胞生物学实验指南[M]. 北京：高等教育出版社，2009.

［71］ 刘江东，赵刚，邓凤娇，等. 细胞生物学实验教程[M]. 武汉：武汉大学出版社，2005.

［72］ 杨淑慎. 细胞工程[M]. 北京：科学出版社，2009.

［73］ 章静波. 医学细胞生物学实验指导与习题集[M]. 2 版. 北京：人民卫生出版社，2010.

［74］ Zhao D，et al. Pseudolaric acid B induces apoptosis via proteasome-mediated Bcl-2 degradation in hormone- refractory prostate cancer DU145 cells［J］. Toxicology in Vitro，2012，26(4)：595-602.